JN290647

持続都市建築システム学シリーズ

資源循環再生学
― 資源枯渇の近未来への対応 ―

江藤次郎
楠田哲也
久場隆広
小山智幸
近藤隆一郎
島岡隆行
中山裕文
著

技報堂出版

まえがき

　本著は，文部科学省の支援で2003年にスタートした，九州大学21世紀COEプログラム「循環型住空間システムの構築」のリサイクルチームの研究活動をとりまとめたものです。

　21世紀の住環境を考えるとき生態系との共生を抜きにしてこれを語ることはできません。その際ライフサイクルの全体をとらえ，豊かな住環境を確保しつつ，生産の時点から資源や水，エネルギーの投入量を減らすように，そして維持や廃棄に必要な環境負荷を極力減らすように，全工程を最適化することが求められています。本拠点で構築しようとしている循環型住空間システムは，人類が不可避的に必要としている住空間およびそれを支える都市・地域環境の設計—生産—利用—維持—再生—設計…という終わることのない循環プロセス全体にわたる人間の創造活動を統括する社会システムをいいます。本プログラムの循環型住空間システムは，安全性・美しさ・快適さといった人間環境として不可欠な「生活の豊かさ W(Welfare)」とそれが生み出す「環境負荷 D(Damage)」の差「スループット T(Throughput)」を最大化するという，統一的評価戦略に基づいて構築されます。本プログラムでは，資源・水・エネルギーの循環という観点から，人間に直接的な影響を及ぼす住空間を軸に，それと都市・地域環境との相互作用を含んだ領域を研究対象としており，その主な学問分野は住空間を創造する都市・建築学および関連する地球環境工学系の分野です。

　環境負荷 D の最小化は，リサイクル・リユース・リデュース・リスクの各プロセスの負荷の低減で実現します。リサイクルは，限られた資源を環境負荷を考慮しながら再利用する技術で，環境負荷軽減の観点からきわめて重要です。リサイクルチームでは，各種産業副産物の材料再生の技術，リサイクル不能な物質の廃棄物処理，環境維持に欠かせない水処理，廃棄物を生態系へ戻す生態系循環などの環境保全技術を構築し，これらを通じてスループット方程式（$T = W - D$）における環境負荷 D を低減することによりスループット T を増大させることを目的として研究を推進してきました。

　本書ではその成果をもとに，第1部「持続可能な社会の構築と循環再生」では，自然界と人間社会における物質循環の構造を踏まえ，持続可能性を評価するための指

標について述べた上で，都市の道路事業における物質フローの推計および事業の効率性の評価事例を紹介しています。つづいて第2部「資源循環再生学各論」で各分野におけるリサイクルの現状と課題を述べています。第1章では，『地域水利用・循環論』について述べられています。水環境は水量や水質などを含めた多様な要素から構成されていることから，それら水環境の全体が保全されなければなりません。そのためには，水環境や水循環を俯瞰した統合的流域水マネジメントの構築が求められています。さらに，水環境を保全し，水循環を再生するためには，地域水施設の果たす役割を理解する必要があります。第2章『資源循環論』では，資源生産性と循環利用率を向上させ，同時に最終処分量を削減させるための技術は，持続環境技術(Sustainable Environmental Technology)であるべきであるとし，持続環境技術の必要性，定義，そして本COEプログラムで取り組み，実用化に導いた廃棄物の焼却残渣を道路路盤材等の土木資材やセメントの原料とする技術について述べました。また，鉱物資源を人間が利用することに伴い，資源の枯渇，開発に伴う環境問題が深刻となっています。鉱物資源の循環利用の意義と現状について概説しました。経済発展と環境保全が両立している持続型社会の構築には，国際的な法制度の確立など社会的システムの構築は不可欠でありますが，それを支えるのが技術であり，土木分野のみならず，各分野における持続環境技術とはどのようなのであるかを考えていただく機会になれば幸甚です。第3章『生態系循環論』では，環境負荷Dの低減を生態系循環の観点から取り組んでいます。生物とそれをとりまく環境は，20世紀の膨大な負の遺産を背負わされており，その復権のために，生態系を保全・修復し，さらには復元・創出することが，これからの大きな課題となってきています。資源枯渇の近未来への対応策としての，生態系の役割について概説しました。

　本著は，循環型，持続型の都市・建築システムを学ぶ大学院生，研究者，専門家を対象としていますが，土木工学，環境農学などにかかわる多くの方々が持続型社会の具体像について考える機会になれば幸甚の極みです。執筆にあたっては，多くの示唆を与えてくださった松藤泰典先生(本プログラム前拠点リーダー)，川瀬博先生(本プログラム拠点リーダー)，編集を担当された技報堂出版の石井洋平氏ほか，多くの方々の協力を頂きました。ここに改めて感謝の意を表します。

　2008年2月

執筆者一同

執筆者一覧

江藤　次郎	九州大学大学院 工学研究院付属環境システム科学センター	(第2部 第2章)
楠田　哲也	北九州市立大学大学院 国際環境工学研究科 環境工学専攻	(第2部 第1章)
久場　隆広	九州大学大学院 工学研究院 環境都市部門	(第2部 第1章)
小山　智幸	九州大学大学院 人間環境学研究院 都市・建築学部門	(第2部 第2章)
近藤隆一郎	九州大学大学院 農学研究院 森林資源科学部門	(第2部 第3章)
島岡　隆行	九州大学大学院 工学研究院 環境都市部門	(第2部 第2章)
中山　裕文	九州大学大学院 工学研究院 環境都市部門	(第1部 第1章〜第4章)

（2008年3月現在，五十音順）

目　　次

第1部　持続可能な社会の構築と循環再生 ——— 1

第1章　人間と自然との間の物質循環 ——— 3

1.1　自然界における物質循環 ……… 3
1.1.1　水の循環　3
1.1.2　炭素循環　4
1.1.3　酸素循環　4
1.1.4　窒素循環　5
1.1.5　リン循環　5
1.1.6　硫黄循環　6
1.1.7　鉱物資源　6

1.2　社会経済システムと自然界との間の物質循環 ……… 7
1.2.1　物質フロー会計　7
1.2.2　わが国における人間活動と環境の間のマテリアルバランス　8

第2章　持続可能な発展と物質循環に関する思想，理念 ——— 11

2.1　目指すべき持続可能な発展の目標 ……… 11
2.1.1　環境保全と持続可能な発展に向けた基本理念　11
2.1.2　ディープ・エコロジー　12

2.2　持続可能性と物質循環にかかわる原則 ……… 12
2.2.1　環境問題の不確実性と予防原則　12

2.2.2　源流管理による対策　13
　　　2.2.3　拡大生産者責任　13

第3章　持続可能性と物質循環に関する評価指標 ――― 15

3.1　資源の有限性，環境容量の考え方 ――― 15
　　3.1.1　最大可能持続生産量　15
　　3.1.2　環境基準と環境容量　16
　　3.1.3　エコロジカル・フットプリント　16

3.2　経済指標と環境負荷の比に基づく効率性評価指標 ――― 17
　　3.2.1　資源生産性　17
　　3.2.2　ファクター4，ファクター10　18
　　3.2.3　環境効率改善指標（デカップリング指標）　18

3.3　経済指標と環境負荷の差に基づく評価指標 ――― 19
　　3.3.1　環境調整済国内純生産　19
　　3.3.2　スループット方程式　20

3.4　環境保全の費用と便益に着目した評価 ――― 20
　　3.4.1　費用便益分析　20
　　3.4.2　環境会計　21

第4章　わが国の道路建設における物質フロー分析の事例 ――― 23

4.1　道路建設・修繕の工法，投入資材，副産物 ――― 23

4.2　路盤建設における物質フロー分析の方法 ――― 24
　　4.2.1　新材の投入量　24
　　4.2.2　再生材の投入量　24
　　4.2.3　物質フロー分析結果および考察　26

4.3　土石系循環資源利用の適正化を目的とした道路アセットマネジメント ... 27
　4.3.1　分析対象とした補修現場および修繕工法　*28*
　4.3.2　道路修繕における土石系資源投入量　*29*
　4.3.3　道路修繕における純便益　*30*
　4.3.4　道路修繕の効率性評価　*31*
　4.3.5　推定結果および考察　*32*

第2部　資源循環再生学各論 ——— 35

第1章　地域水利用・循環論 ——— 37

1.1　持続可能な水利用と健全な水循環 ... 37
　1.1.1　生物の生存に不可欠な水資源　*37*
　1.1.2　水質汚濁問題の歴史的変遷　*39*
　1.1.3　水環境・循環の現状　*43*
　1.1.4　水環境・循環の再生に向けて　*50*

1.2　統合的流域水マネジメント ... 63
　1.2.1　人間活動と流域水環境　*63*
　1.2.2　流域水マネジメントの定義とその目標像　*66*
　1.2.3　水循環再生への流域水マネジメント的アプローチ　*68*
　1.2.4　流域水マネジメントシステムの構築に向けて　*75*

1.3　地域水施設による水環境保全と水環境再生 ... 78
　1.3.1　水処理技術による水質変換　*78*
　1.3.2　水環境保全・再生に向けての地域水施設が果たすべき役割　*84*

第2章 資源循環論 —————————— 89

2.1 廃棄物問題と今後の展開 ······································ 89
2.1.1 廃棄物問題と対策の歴史　*89*
2.1.2 廃棄物処理技術の展開　*93*

2.2 持続型社会における廃棄物の循環資源化 ······················ 97
2.2.1 現代の資源問題　*97*
2.2.2 資源の消費と資源循環　*98*
2.2.3 資源問題解決のための循環型社会の構築　*102*
2.2.4 循環型社会に不可欠な持続型環境技術　*104*

2.3 鉱物資源とその循環 ·· 110
2.3.1 鉱物資源とは　*110*
2.3.2 鉱物資源の生成と布存状況　*111*
2.3.3 鉱物資源をめぐる問題　*112*
2.3.4 鉱物資源の循環　*115*

2.4 建設生産における資源循環 ·································· 120
2.4.1 建設生産の特殊性と資源循環　*120*
2.4.2 建設リサイクル法と資源循環　*123*
2.4.3 建設副産物のリサイクルの現状と課題　*125*
2.4.4 一般産業からの副産物の建設関連分野における有効利用　*131*

第3章 生態系循環論 —————————— 137

3.1 生態系の概念 ··· 137
3.1.1 生物圏の単位—生態系—　*137*
3.1.2 生態系の構成要素　*137*
3.1.3 生態系におけるエネルギーと物質循環　*138*

3.2　生態系からみた地球環境の危機 ……………………………… 139
　3.2.1　生態系サービスと人類の将来　　139
　3.2.2　人類による生態系の改変　　139
　3.2.3　生態系の容量を超えつつある環境問題　　140
　3.2.4　都市生態系　　140

3.3　生態系の汚染 …………………………………………………… 143
　3.3.1　地球温暖化のメカニズム　　144
　3.3.2　人工化学物質と生態系　　144

3.4　バイオマスと生態系 …………………………………………… 147
　3.4.1　バイオマスとは　　148
　3.4.2　バイオマスの特徴　　149
　3.4.3　なぜバイオマスの有効活用が必要なのか　　150
　3.4.4　日本のバイオマス資源　　150
　3.4.5　バイオエネルギー　　151
　3.4.6　バイオマスの循環利用システム　　157
　3.4.7　環境評価　　160
　3.4.8　廃棄物の適正処理技術　　161

3.5　森林資源と生態系 ……………………………………………… 162
　3.5.1　森林生態系の現状　　162
　3.5.2　森林生態系を守るために　　164
　3.5.3　森林炭素ビジネス　　165
　3.5.4　森林資源の利用と森林への活力付与　　166
　3.5.5　木質バイオリファイナリー　　169
　3.5.6　キノコによるバイオマス変換　　171
　3.5.7　木材資源のリサイクル　　173
　3.5.8　木質バイオマスシステム構築におけるLCA的評価　　176

3.6　環境修復技術 …………………………………………………… 182
　3.6.1　修復技術の分類　　182
　3.6.2　バイオレメディエーション　　183

3.7 循環型共生社会への挑戦 ……………………………………………186
3.7.1 循環型共生社会とは　　*186*
3.7.2 循環型共生社会における生物資源の更新　　*187*

第1部 持続可能な社会の構築と循環再生

第1章 人間と自然との間の物質循環

　現在の社会経済システムは大量生産，大量消費，大量廃棄型の形態であり，これに起因する環境負荷が自然の再生能力や浄化能力を超えて増大している。この結果，自然界の物質循環が阻害され，公害や自然破壊をはじめとするさまざまな環境問題が発生している。自然界における物質循環は，人間はもとより，地球上の生命全体の持続性を支えている。地球における物質循環が停滞したり，あるいは途切れたりすると，人間社会も持続することはできない。このような環境問題の解決のためには，自然界の物質循環を健全な状態に回復させるとともに，その状態を維持することが必要であり，このためには，とくに，自然の物質循環に大きな負荷を与えている社会経済システムにおいて，いかにして適正な物質循環を確保していくかが緊急に対応すべき重要な課題となる。本章では，まず自然界において物質がどのように循環しているかを述べ，さらに社会経済システムにおける物質循環と環境とのかかわりを取り上げる。

1.1 自然界における物質循環[1], [2]

1.1.1 水の循環

　地球は水の惑星といわれるように，地球表面積の約71％が海洋である。水の総量はおよそ14億 km^3 と見積もられており，このうち海水が97.5％を占める。海水と水蒸気を除く雪氷，地下水，土壌水，湖沼水，河川水を陸水と呼んでおり，その量は全水量の約2.5％に過ぎない。また河川水の平均滞留時間は約13日，大気中での水蒸気の平均滞留時間は約10日で，水は地球上で比較的速やかに循環している。

　また陸水の約70％は南極，北極地域の氷河であり，人類が利用できる水量は

全体の 0.04％程度と極微量しかない。しかし水は太陽放射エネルギーを受けて海洋や陸地から蒸発し，雨や雪となって陸地に降り，河川水や地下水となってふたたび海洋へ戻るという水の大循環（自然循環）を続けている。このため利用できる水が枯れる事はなく，人類は淡水を利用し続けることができる。

1.1.2 炭素循環

炭素（C）は生物を構成する基本元素であり，例えば植物の乾物重量の 40〜50％は炭素によって占められている。大気中においては，炭素は主として二酸化炭素（CO_2）として存在する。全大気に占める割合は約 0.04％と少量ではあるが，その濃度は増加傾向にある。

大気中の二酸化炭素は，緑色植物の光合成によって有機物として生物圏に固定される。また，二酸化炭素は温度が低いほど水に溶けやすい性質があり，寒冷な極地付近において海洋表層に溶け込んでいる。一方，大気中への二酸化炭素の再放出は，動植物の呼吸，動植物の分解，有機物の燃焼，石灰岩反応，温暖な海洋表層からの放出，火山活動等の過程がある。自然な状態では，二酸化炭素の固定量と放出量は釣り合っており，大気中の二酸化炭素濃度はほぼ一定に維持されてきた。しかしながら，化石燃料の燃焼や熱帯林など森林の伐採により，多量の二酸化炭素が大気中へ放出されており，これに伴う二酸化炭素濃度の増加が地球温暖化の原因の一つと考えられている。

1.1.3 酸素循環

酸素分子（O_2）は，呼吸をする生物にとって必要不可欠な物質であり，また，酸素原子（O）は，生物を構成する要素である有機物や水等に含まれている。

酸素分子（O_2）は容積にして大気の 20.9％を占め，窒素に次いで 2 番目に多い大気の主要な構成要素であり，海水や淡水にも溶存している。酸素原子（O）は，水や地球の地殻の成分としても含まれている。地殻に含まれる酸素は，岩石中に酸化物，ケイ酸塩，炭酸塩などの形で存在している。

光合成による酸素の生産速度と，呼吸や燃料の燃焼等による酸素の消費速度はほぼバランスしているとされ，酸素不足による生物の生存への影響はないと考えられている。

1.1.4 窒素循環

　窒素は容積にして大気の78.1%を占めているが,多くの生物は大気中の窒素を直接利用することはできない。生物が利用することができるのは,アンモニア(NH_3)等の窒素化合物として固定された窒素である。自然界において,大気中の窒素を固定することができるのは,窒素固定菌と呼ばれる一部の微生物である。

　窒素固定菌によって生じたアンモニアやアンモニウムイオン(NH_4^+)は,植物の根等から吸収され,植物体内においてタンパク質等として同化される。動物は植物を摂取することによって,必要なタンパク質を合成している。動植物の遺体や排泄物に含まれる窒素化合物は微生物によって分解,無機化され,アンモニアとなる。アンモニアの一部は,硝化菌の働きによって亜硝酸(NO_2^-),硝酸(NO_3^-)に酸化される。これらは,さらに,脱窒菌によって脱窒されて窒素分子(N_2)へと還元されて大気に戻っていく。これが自然界における窒素循環である。

　これに対して,化学肥料等として大量に利用されている窒素は,人工的に固定されたものである。近年,人間活動の増大に伴い,窒素の固定量が脱窒量を大きく上回り,過剰な固定窒素が生物圏に蓄積されている。その結果,窒素が河川,湖沼,地下水に流入し,水圏を富栄養化させ,物質循環のバランスを崩壊させている。

1.1.5 リン循環

　リンは,リン酸塩(PO_4^{3-})の形態で循環している。生物体内のリンは,核酸(DNA,RNA)やATP,細胞膜を構成するリン脂質,骨などに含まれている重要な元素の一つである。

　リン資源は,主にリン灰石やグアノ,骨,貝殻などに含まれている。リン鉱石やグアノなどに含まれるリン酸塩は不溶性であるが,風化や微生物の作用により可溶性リン酸塩となって植物に吸収され,食物連鎖によって植物から動物に移行して行く。動植物の死骸や排泄物は微生物の作用で分解され,可溶性リン酸塩に回帰する。水域においては植物プランクトンがリン酸塩を吸収する。海鳥等が植物プランクトンを摂取し,排泄物がふたたびグアノを形成する。

　リン化合物は揮発性ではないので,炭素,窒素などの循環のような大気を経由する経路はなく,循環を担っているのは生物である。

近年，排水処理において行われる脱リンにより，リンを含む汚泥が埋め立て処分されており，リンの循環経路が絶たれつつあるといわれている。

1.1.6 硫黄循環

火山活動や化石燃料の燃焼等で発生する二酸化硫黄(SO_2)や硫化水素(H_2S)は，大気中の酸素や水分子と反応して硫酸イオンとなり，降雨により土壌や水域へと移行する。植物は硫酸イオンを吸収し，含硫アミノ酸に還元してタンパクを合成している。植物中の含硫アミノ酸は食物連鎖を通じて動物へと移行する。動植物の死骸や排泄物は，好気性微生物による分解では硫酸イオンへと回帰し，嫌気性微生物による分解では硫化水素が生成される。また土壌や水域の底泥では嫌気的な条件になっており，硫酸塩還元細菌によって硫化水素が生成される。硫化水素は，硫黄酸化細菌や光合成硫黄細菌によって酸化され，単体硫黄を経由して硫酸イオンを生成し，循環経路に戻る。

1.1.7 鉱物資源

物質は，地球上を循環する過程において，拡散や濃集というプロセスを経由している。例えば，水が太陽熱によって蒸発するプロセスは拡散であり，蒸発した水分子が上空で凝固して雲をつくるのは濃集である。

一般に，資源と呼ばれるものは濃集の産物であり，鉱物資源もこの仕組みによって形成される[3]。ケイ藻土，岩塩，石灰石等は，水溶性の無機塩類が生物の作用や水の蒸発によって濃集したものである。地下の鉱床は，プレート運動等の作用によって地表の岩石が地下へと移動し，溶解，分離，析出等によって特定の金属元素が濃集してできる。地表の物質は太陽エネルギーと地球内部のエネルギーによって循環しており，同時に拡散，濃集プロセスによって資源が形成されている。

鉱物資源の形成については，第2部第2章2.3節の「鉱物資源とその循環」で詳しく述べられている。

1.2 社会経済システムと自然界との間の物質循環

図-1.1.1に社会経済システムと自然界との間の物質循環の概略図を示す。人間がつくり出した現在の社会経済システムは，大量の資源を自然界から採取し，これを原材料として中間製品，最終製品へと加工してさまざまな製品を大量に生産している。我々はこれらを消費することによって便利で豊かな生活を享受しているが，一方で，生産・消費段階で生じる汚染物質や，消費された製品は廃棄物として自然界へと戻されている。こうした自然環境と人間活動の間での物質循環の規模は，自然環境が持つ資源の再生能力や廃棄物の浄化能力を大きく超えている。

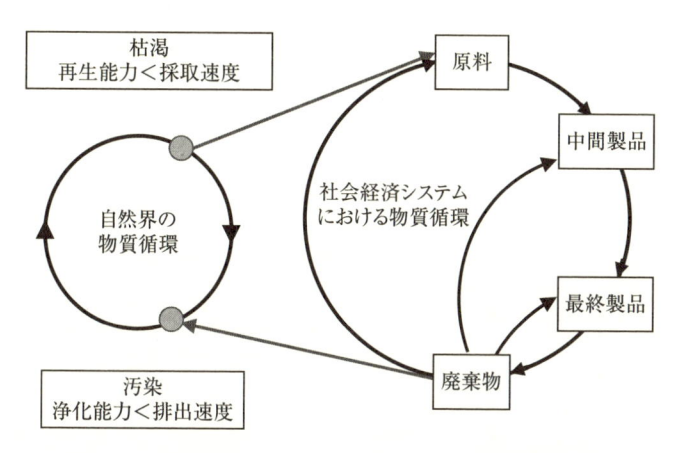

図-1.1.1　社会経済システムと自然界との間の物質循環

1.2.1 物質フロー会計

大量の物質を取り扱う今日の社会経済システムにおいて，自然環境と経済活動の関係をみながら環境問題を分析するためには，自然環境と経済活動の間，およびさまざまな経済主体間の物質やエネルギーのフローを体系的に把握することが不可欠である[4]。こうした目的には，物質フロー会計(MFA：Material Flow Accounts)といわれる手段が用いられる。物質フロー会計とは，区域および期間

を区切って，当該区域への物質の総投入量，区域内での物質の流れ，区域外への物質の総排出量等を集計したものである。循環型社会白書では，日本という単位で物質フロー会計を実施しているが，地方公共団体，企業，事業場などを単位としても集計することが可能である[5]。また，物質フロー会計によって集計したデータを用いて資源利用の効率性等を分析することを物質フロー分析という。物質フロー分析は，通常の経済統計ではわからない，経済における天然資源その他の資源の浪費を見出すこと等に利用されている。

1.2.2 わが国における人間活動と環境の間のマテリアルバランス[4]

図-1.1.2は，わが国を対象に，環境から人間活動への物質の投入と，人間活動から環境への物質の排出のバランスを表現したものである。投入側をみると，年間約22億トンの物質が人間活動のために投入されている。種類別にみると，最大のものは建設用鉱物9.51億トン，ついで化石燃料が4.67億トン，金属・非金属鉱物が3.61億トンとなっている。投入された資源のうち，国内採取されたもの

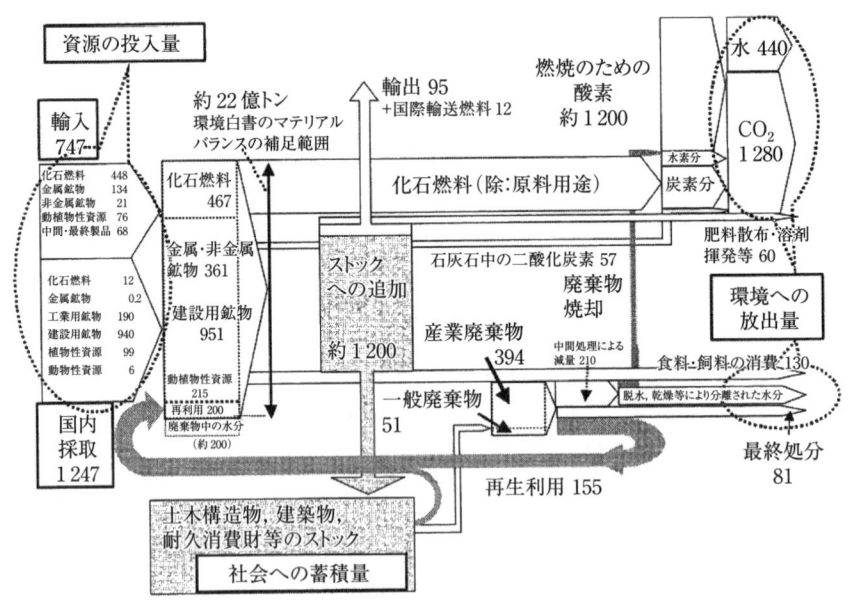

[出典] 森口祐一：マテリアルフローデータブック－日本を取り巻く世界の資源フロー，国立環境研究所，2003

図-1.1.2　日本のマテリアルバランス（1995年，単位：100万トン）

は12.47億トン，輸入資源が7.47億トンとなっており，約4割を輸入が占めている。排出側でみると，いわゆる廃棄物として把握されているものでは，産業廃棄物が3.94億トン，一般廃棄物が0.51億トンである。投入された資源と廃棄物の差のうち，一部は廃棄物以外の形で放出され，それ以外はストックとして人間活動圏に蓄積されている。

廃棄物以外の形で環境に放出されるもののうち，化石燃料の燃焼による二酸化炭素が12.8億トンあり，量的に見て人間活動から環境への最大の廃棄物は二酸化炭素であることが，この図から理解できる。一方，ストック量をみると，多くは土木構造物や，建築物として蓄積されており，その他は耐久消費財や工場の生産設備である。ストックについても，将来的には劣化して廃棄物となることから，潜在廃棄物であるとの認識を持つ必要がある。

参考文献
1) 河村武, 岩城英夫:環境科学Ⅰ自然環境系, 朝倉書店, 1988
2) 瀬戸昌之:生態系　人間存在を支える生物システム, 有斐閣ブックス, 1992
3) 佐々木毅, 金泰昌:地球環境と公共性, 東京大学出版会, 2002
4) 森口祐一:マテリアルフローデータブック−日本を取り巻く世界の資源フロー, 国立環境研究所, 2003
5) 環境省:循環型社会白書

第2章 持続可能な発展と物質循環に関する思想, 理念

2.1 目指すべき持続可能な発展の目標

2.1.1 環境保全と持続可能な発展に向けた基本理念

わが国の環境基本法には, 環境の保全に関する基本理念として, 以下の内容が記載されている[1),2)]。

まず, 第3条では, 環境の保全は, 環境を健全で恵み豊かなものとして維持することが人間の健康で文化的な生活に欠くことのできないものであると述べた上で, 人類の存続の基盤である限りある環境は, 生態系の微妙な均衡を保つことによって成り立つとしている。自然環境からの大量の資源の採取や, 人間の活動による汚染物質や廃棄物等の環境への負荷によって, 人類の存続基盤が損なわれるおそれが生じてきていることを指摘しているのである。また, 現在および将来の人間が健全で恵み豊かな環境の恵沢を享受するとともに人類の存続の基盤である環境が将来にわたって維持されるよう, 適切に環境を保全しなければならないと述べており, 現代世代だけが環境を無制限に利用してはならず, 将来世代が継承できるようにしなければならないという世代間の公平性についても触れている。

第4条では, 環境の保全は, 社会経済活動その他の活動による環境への負荷をできる限り低減することその他の環境の保全に関する行動がすべての者の公平な役割分担の下に自主的かつ積極的に行われるようになることによって, 健全で恵み豊かな環境を維持しつつ, 環境への負荷の少ない健全な経済の発展を図りながら, 「持続的に発展することができる社会」が構築されることを旨とし, および科学的知見の充実の下に環境の保全上の支障が未然に防がれることを旨として, 行われなければならないとしている。

2.1.2 ディープ・エコロジー [1),3),4)]

現在社会において環境保全の中心にあるのは，人間中心主義と呼ばれる考え方である。リオ宣言には，持続可能な発展という課題の中心は人類であることが述べられており，この考え方にたてば，環境保全のために重視されるのは，公害対策のための各種技術やエネルギー消費効率のよい機器にかかわる技術，生物資源を科学的に制御し利用するバイオテクノロジー等の技術ということになる。一方，持続的な発展について，そもそも何を目指すのかという根幹部分に立ち戻り，人間生活よりもむしろ環境保全を優先させるべきだという議論がある。この考え方の一つにディープ・エコロジーがある。

ディープ・エコロジーは，ノルウェーの哲学者，アルネ・ネスの著作を出発点として広まった思想，運動である。ディープ（深い）という語は，環境問題にその根源から対応していこうとする考え方のゆえに用いられている。これに対し，技術開発によって持続可能な発展を達成しようとする考え方は，シャロー・エコロジーと呼ばれる（否定的な響きを持つシャロー（浅い）という表現をさけるため，リフォーミズム（改良主義）といういい換えがある）。ディープ・エコロジーの思想においては，シャロー・エコロジーつまり技術開発による環境問題への対応に一定の必要性を認めているが，今日の環境問題はすでにシャロー・エコロジーで対応できる範囲を超えていると認識されている。環境問題，社会問題の根源に目を向けると，物質的な豊かさを追求する価値観を改めることが必要であり，生活水準ではなく生きることの質の高さを，物質的な蓄積ではなく，自己実現を求めていかなければならないとする考え方である。

2.2 持続可能性と物質循環にかかわる原則

2.2.1 環境問題の不確実性と予防原則 [1),2),5)]

環境問題は規模が大きくなると，現象の発生から影響に至るメカニズムが非常に複雑になるため，将来顕在化するであろう問題の深刻さを事前に予測することが困難になる。とくに，地球規模の環境問題は，人間活動と環境影響の因果関係を確定的に議論することが難しいといわれており，現段階では，科学的知見の不

十分さから実際に発生するかどうかわからない不確実な問題も存在する。このような場合，起こるかどうかわからない将来の問題のために現在の利益を犠牲にすることを合意できないことがある。

しかしながら，いったん環境問題が顕在化したときには，原状に回復することが難しい非可逆的な問題がある。この場合，完全な科学的確実性の欠如が，環境悪化を防止するための費用対効果の大きな対策を延期する理由として使われてはならないとする考え方がある。このように不確実性を伴う事象に関する意思決定の原則が予防原則である。わが国の環境基本計画では，環境政策の指針となる4つの考え方の一つとして，「予防的な方策」が盛り込まれている。

2.2.2 源流管理による対策[1]

ある製品の製造プロセスにおいて発生する環境負荷の対策を考える場合，排出口（エンド・オブ・パイプ）において環境負荷を処理する対策と，製品の原材料の段階までプロセスを遡って環境負荷の発生原因を特定し，それを除去するという源流管理による対策の2者がある。製品業における廃棄物処理にこの考え方を適用すると，製品の製造に伴い発生した廃棄物を回収し，減量化したり再資源化する方法は，前者の排出口対策に該当する。一方，製品の設計や製造プロセスを見直し，廃棄物が発生しないように改善することが源流管理による対策である。

2000年に公布された循環型社会形成推進基本法において，廃棄物処理における優先順位が初めて法定化された。第五条で，原材料，製品等については，廃棄物等となることができるだけ抑制されなければならないことが規定されており，発生抑制は，再使用や再利用よりも優先されるべきとされている。

2.2.3 拡大生産者責任[1]

公害防止のための対策費用や，環境修復のための費用は，汚染物質を出している者が負担すべきという汚染者負担原則が基本となる。汚染者負担原則は，製品の生産段階における環境負荷発生の責任を生産者に求めるという意味では明確であるが，一方で製品の使用段階や廃棄段階で発生する環境負荷の責任が誰にあり，対策費用を誰が負担するかは明確でなかった。このため，生産者が製品の生産段階だけでなく，使用，廃棄段階，さらにはリサイクルまで含めて責任を負うという拡大生産者責任という考え方が重視されるようになった。

循環型社会形成推進基本法や個別リサイクル法(容器包装リサイクル法(1995), 家電リサイクル法(1998), 自動車リサイクル法(2002), 資源有効利用促進法(1991)等)にも拡大生産者責任の考え方が導入されている。

参考文献
1) 倉阪秀史:環境政策論, 環境政策の歴史および原則と手法, 信山社, 2004
2) 土木学会環境システム委員会 編:環境システム-その理念と適用手法-, 共立出版, 1998
3) アラン・ドレングソン, 井上有一 共編, 井上有一 監訳:ディープ・エコロジー 生き方から考える環境の思想, 昭和堂, 2001
4) キャロリン・マーチャント 著, 川本隆史, 須藤自由児, 水谷広 訳:ラディカルエコロジー 住みよい世界を求めて, 産業図書, 1994
5) 末石富太郎+環境計画研究会:環境計画論-環境資源の開発・保全の基礎として-, 森北出版, 1993

第3章 持続可能性と物質循環に関する評価指標

3.1 資源の有限性，環境容量の考え方 [1]

　自然環境は，外部から何らかの変化の作用を被ることがあっても，それを元どおりに再生，復元する力を備えている。このような自然のもつ再生能力，復元能力が環境容量である。生態学の分野においては，生物の現存量や多様性に対する自然環境が持つ収容力として検討されてきた。

　環境容量は無限ではなく，ある限界がある。環境容量を超えるような変化を与えると，その環境を損なうことになる。そのため，人間活動に起因する資源の消費や汚染物質の排出を際限なく行ってよいわけではなく，復元可能な範囲内に抑制する必要がある。あるいは，技術によって自然が持つ環境容量を増大させるような方策が検討されることもある。

3.1.1 最大可能持続生産量 [2],[3]

　資源のストック量の水準を減らすことなく永続的に得られる最大限の収穫のことを最大可能持続生産量（MSY：Maxmum Sustainable Yield）という。魚類等の再生可能な生物資源の収穫は，一定量の資源のストックから生み出される純再生産量（時間当たりの個体数の増加分）の範囲内で行われる必要がある。このとき，ストックを維持しつつ生産できる最大の生産量が，最大持続可能生産量である。

　図-3.1.1 は魚の自然増殖モデルであり，魚ストックの増加量とストック量との関係を表している。魚がエサの豊富な新しい生息地に入ってきた場合を考えると，増加量は初期には増大するが，ストック量が増えるにつれ低下していく。ストック量が環境容量 K に達すると，増加量は0となる。増加量が最大となるのは，環境容量 K の2分の1のストック量となる。このストック水準を保ち，増加分だけを収穫すれば，資源の再生能力を超えない限度で最大限の収穫を続けることができる。

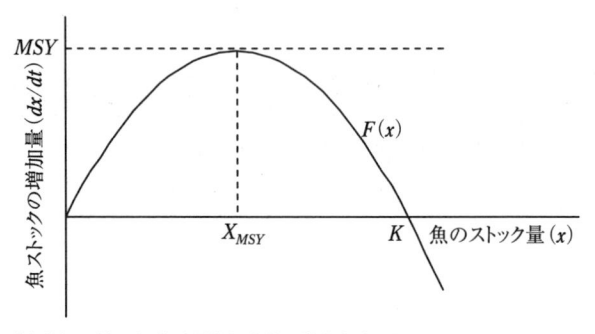

[出典]　植田和弘：環境経済学，岩波書店，1996
図-3.1.1　魚の自然増殖モデル

　このような考え方は，再生可能資源を利用する際の基礎理論として，漁獲，狩猟のほか，林業や農業生産にも活用されている。

3.1.2 環境基準と環境容量 [1), 4), 5)]

　環境基準とは，人の健康を保護し，生活環境を保全する上で維持されることが望ましい環境上の基準である。環境基準は，人間活動による環境負荷量と，自然の持つ浄化能力つまり環境容量とのバランスから設定することができる。例えば，水域の環境容量を明らかにできれば，その値とBOD等の汚濁負荷量とのバランスを考え，かつ利用目的からみて達成すべき水質目標を勘案して環境基準を設定することができる。我が国において，環境基準は，典型7公害のうち，大気の汚染，水質の汚濁，土壌の汚染および騒音の4種について定められている。なお，振動，悪臭および地盤沈下については，維持されることが望ましい環境上の基準を定めるに足る科学的知見が不足している等の理由により，今のところ環境基準は定められていない。

3.1.3 エコロジカル・フットプリント [6), 7)]

　エコロジカル・フットプリントは，人類の地球に対する需要を，資源の供給と廃棄物の吸収に必要な生物学的生産性のある陸地・海洋の「面積」で表したものとして計算される。エコロジカル・フットプリントの算定には，農作物の生産に必要な耕作地，畜産物などの生産に必要な牧草地，水産物を生み出す水域，木材の生産に必要な森林，二酸化炭素を吸収するのに必要な森林などが含まれる。

図-3.1.2は世界平均および各国のエコロジカル・フットプリントである。この図において，縦軸は地球の一人当たり生物生産力を1としたとき，各国の一人当たりエコロジカル・フットプリントがその何倍にあたるかを，必要な地球の個数で示している。2003年時点の世界平均のエコロジカル・フットプリント(需要)は1.25であり，地球の生物生産力(供給)を約25％超過していることがわかる。需要が供給を超える状態が続けば，いずれ，地球の生物学的資源は欠乏してしまうことになる。

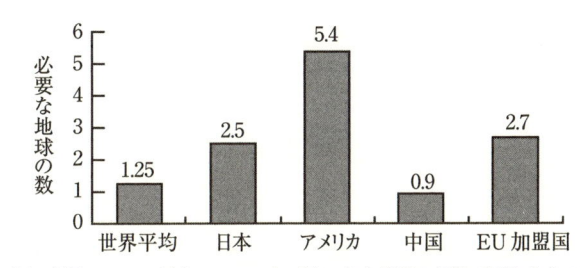

注）各国のエコロジカル・フットプリントを地球の個数で示したもの。
［資料］　WWF「Living Planet Report 2006」より環境省作成
［出典］　環境省：平成19年度版環境循環型社会白書，2007

図-3.1.2　各国のエコロジカル・フットプリント

国別に見ると，日本の一人当たりエコロジカル・フットプリントは，地球の生物生産力の2.5倍，EU加盟国は2.7倍，アメリカは5.4倍と算出されている。つまり，世界中の人が日本，EU，アメリカの国民と同様の生活をすると，地球がそれぞれ2.5個，2.7個，5.4個必要となることを示している。なお，エコロジカル・フットプリントのかなりの部分は化石燃料の使用による二酸化炭素の排出が占めるとされている。

3.2　経済指標と環境負荷の比に基づく効率性評価指標

3.2.1　資源生産性

資源生産性とは，投入された資源をいかに効率的に使用して製品やサービスを

生産しているかを測る指標であり，資源効率とも呼ばれ，以下のように表される．

$$資源生産性 = \frac{製品の性能，価値，またはサービスの量}{資源投入量}$$

わが国においては，2003年に閣議決定された循環型社会基本計画において，資源生産性，循環利用率，最終処分量の3つの指標について，数値目標が導入されている．ここでは，資源生産性を求めるために，分子をGDP（国内総生産）とし，これを天然資源等投入量（国内・輸入天然資源および輸入製品の総量）で割ることによって算出している．天然資源等はその有限性や採取に伴う環境負荷が生じること，また，それらが最終的には廃棄物等となることから，より少ない投入量で効率的に価値を生み出すことが重要となる．

3.2.2 ファクター4，ファクター10[8),9)]

ファクター4とは，E・U・フォン・ワイツゼッカー，エイモリー・ロビンスらによる資源利用の効率性の達成目標に関する議論であり，ここでは「ファクター」とは効率性がどれぐらい良くなったかを考えるための指標として用いられている．先進国，OECD諸国の人口は全世界の20％であるにもかかわらず，全世界の資源の80％を使っており，資源エネルギーへのアクセスの公平性という観点からは適切でない状態となっている．これを解消するためには，先進諸国はただちに資源消費量を4分の1に減らすべきであるが，単純に資源消費を減らすことは生活の豊かさを手放すことにつながるため，合意を得ることは難しい．そこで，製品の性能やサービスの量を2倍に上げ，その製造に必要な投入資源を2分の1にする．そうすれば2を2分の1で割るので，効率性は4倍（ファクター4）になる．

一方，ファクター10は，1991年にドイツのヴッパタール研究所のシュミット・ブレークによって提唱された．この考え方では，先進国において一人当たり資源消費量あるいは環境負荷排出量を削減するとともに資源生産性を向上させ，2050年にはファクター10を達成することを目標にしている．

3.2.3 環境効率改善指標（デカップリング指標）[10)]

環境効率改善指標は，経済活動と環境負荷の関係を，経済的効用に対して環境負荷がどのように改善されたかを見るための指標であり，OECD等ではデカップリング指標と呼んでいる．デカップリング（decoupling）とは分離を意味し，環

境分野では,環境負荷の増加率が経済成長の伸び率を下回っている望ましい状況を指す。とくに,経済が成長する一方で,環境負荷が減少する状況を絶対的デカップリングという。

各環境分野におけるこの指標改善は2001年のOECD環境大臣会合で採択された「21世紀初頭10年間のOECD環境戦略」の主な目標の一つとなっている。

経済的駆動力(Driving Force：DF)の増加率に比べて環境負荷(Environmental Pressure：EP)の増加率が小さいことが持続可能性の観点からは望ましい。この比率が環境効率改善指標であり,以下のように定義される。

$$環境効率改善指標 = \left(1 - \frac{\left(\frac{EP}{DF}\right)_{期末}}{\left(\frac{EP}{DF}\right)_{期首}}\right) \times 100$$

DF増加率がEP増加率以上であるとき,環境効率改善指標は0以上となり,環境効率が改善していることを表す。逆に,DF増加率がEP増加率未満であるとき,環境効率改善指標は0未満となり,環境効率が悪化していることになる。

3.3 経済指標と環境負荷の差に基づく評価指標

3.3.1 環境調整済国内純生産 [11]

環境調整済国内純生産(EDP：Eco Domestic Product)は,国内純生産(NDP)から帰属環境費用を控除して求められる値であり,一般には「グリーンGDP」と呼ばれる。これは,NDPがGDPから生産活動に伴う固定資本の減耗額を控除して計算される純粋な付加価値額であるように,NDPからさらに経済活動に伴う自然資産の減耗額ともいえる帰属環境費用を控除することによって,環境まで考慮に入れた付加価値額を算出していると考えることができるためである。環境調整済国内純生産は,以下の手順により求めることができる。

国内純生産(NDP) = 国内総生産(GDP) − 固定資本減耗額
環境調整済国内純生産 = NDP − 自然資産の減耗額
自然資産の減耗額 = 環境悪化の経済的評価額(帰属環境費用)

よって,

$$\text{環境調整済国内純生産} = \text{NDP} - \text{帰属環境費用}$$
$$= \text{GDP} - \text{固定資本減耗} - \text{帰属環境費用}$$

　帰属環境費用は，維持費用評価法によって貨幣換算して求められる値であり，実際には支払われなかった費用なので帰属環境費用と呼ばれている。維持費用評価法とは，環境をある水準に維持するよう対策を講じたとしたら要したであろう経常費用を環境負荷の貨幣評価額とみなす方法である。例えば，二酸化硫黄の排出による環境負荷の帰属環境費用は，脱硫装置を設置し1年間運転したときの費用原単位(1年間の削減費用/1年間の削減量)を計算し，これに全国の総排出量を乗じることによって求められる。

3.3.2 スループット方程式 [12]

　スループット方程式は，エリヤフ・M・ゴールドラットの制約条件の理論を援用して導かれた生活の豊かさ W(Welfare)と環境負荷 D(Environmental Damage)の差，すなわちスループット T(Throughput)を最大化する方程式であり，九州大学21世紀COEプログラム「循環型住空間システムの構築」におけるシステム評価の基礎方程式として利用されている。

　スループット(T)は，あるレベルの豊かさ(W)を獲得するために生じる環境負荷(D)を差し引いた値であり，スループット方程式では豊かさを維持，あるいは増進しながら環境負荷を最小にして，T を最大化することを目的としている。

$$T(\text{Throughput}) = W(\text{Welfare}) - D(\text{Damage})$$

　スループット方程式は，環境調整済国内純生産と同様に経済指標と環境負荷の差に基づく評価指標であるが，環境調整済国内純生産が貨幣による評価を基本としているのに対し，スループット方程式では，貨幣あるいは CO_2 排出量等の環境負荷単位による評価の適用も考えられている。

3.4 環境保全の費用と便益に着目した評価

3.4.1 費用便益分析 [7]

　事業等を実施する際，費用に対してどれだけの便益が得られるかを金額に換算して分析する。

環境汚染に関する費用便益分析の例としては，ある環境対策をした場合，かかる費用と得られる便益の比（費用便益比）や差（純便益）を複数の代替案について計算し，その優劣をもって実施案を選択することが考えられる。このとき，環境対策によって得られる便益をどのように金銭に換算するかが問題となる。健康被害や自然保護に関する費用便益の算出方法が種々検討されている。

3.4.2 環境会計 [13]

企業等の環境保全活動を費用面から評価し，経営と環境の統合を目指す環境会計が普及しつつある。具体的には，事業者が環境保全のためにかけた費用，その結果得られた環境保全効果，また，節約できた費用等について，体系的に記録を行おうとするものである。環境会計による評価は，企業の環境保全活動の評価だけでなく，自治体（市町村）の公共部門の活動へも適用の幅を広げている。とくに，一般廃棄物処理事業等の廃棄物処理における環境会計では，単に費用がいくらかかるかという問題にとどまらず，それが国や地域のマテリアルフローや資源循環にどのような効果を持つかという評価も行われており，循環型社会形成のための施策の指針となるものとして，重要性を高めている。

参考文献

1) 土木学会環境システム委員会 編：環境システム－その理念と適用手法－，共立出版，1998
2) 植田和弘：環境経済学，岩波書店，1996
3) J・M・コンラッド 著，岡敏弘，中田実 訳：資源経済学，岩波書店，2002
4) 倉阪秀史：環境政策論，環境政策の歴史および原則と手法，信山社，2004
5) 相崎守弘：環境容量から見た水域の機能評価と新管理手法に関する研究，国環研ニュース 10 巻 5 号〈4〉，1991
6) 環境省：平成 19 年度版環境循環型社会白書，2007
7) 田中勝 編著，松藤敏彦，角田芳忠，石坂薫：循環型社会評価手法の基礎知識，技報堂出版，2007
8) E・U・フォン・ワイツゼッカー，エイモリー・B・ロビンス，L・ハンター・ロビンス：ファクター 4 － 豊かさを 2 倍に，資源消費を半分に，省エネルギーセンター，1988
9) F・シュミット＝ブレーク 著，佐々木建 訳：ファクター 10　エコ効率革命を実現する，シュプリンガー・フェアラーク東京，1997
10) 内閣府経済社会総合研究所国民経済計算部：新しい環境・経済統合勘定について（経済活動と環境負荷のハイブリッド型統合勘定の試算），2004
11) 経済企画庁経済研究所：環境・経済統合勘定の試算について（環境・経済統合勘定の推計に関する研究報告書の要点），1998
12) 松藤泰典：持続都市建築システム学シリーズ 世代間建築，技報堂出版，2007
13) 井村秀文：地域資源循環に関わる環境会計表の作成とその適用，平成 18 年度廃棄物処理等科学研究費補助金総合研究報告書，2007

第4章 わが国の道路建設における物質フロー分析の事例

わが国の建設産業は資源投入量でみると，最大規模の産業である。中でも道路の建設，維持修繕のために投入される資材の量は膨大である。道路は，路盤材として，コンクリート塊やアスファルト・コンクリート塊などの建設廃棄物由来の再生材を大量に受け入れている。鉄鋼スラグやその他の廃棄物由来の再生材も利用されており，道路の路盤建設は再生材の大きな受け入れ先となっている。しかしながら，道路への再生材投入量については，道路工事現場内で再利用される量が統計に表れないため，この量を把握するためには関連データを用いて推計する以外に方法はない。原らの推計[1]によると，1995年における道路への資材投入量は3.15億トンである。同年のわが国における総物質投入量が約22億トンであることから，このうち約14％が道路へ投入されたことになる。再生材の割合は，道路用アスファルト混合物で30％，路盤用砕石で29％と推定されている。

ここでは，同様の手法を用い，2000年，2002年度における道路の路盤建設に投入される新材，再生材および現場内で再利用される副産物について推定し，経年的な推移について考察する。

4.1 道路建設・修繕の工法，投入資材，副産物

舗装道路の維持修繕工法には，アスファルト層と路盤層を全量掘削して新たな資材と置き換える打ち換え工法や，アスファルト層のみを全量掘削して新たな資材と置き換える切削オーバーレイ（OL）工法等がある。

道路工事に使用される資材として，アスファルト混合物と路盤用砕石等があり，それぞれ新材（バージン材）と再生材が存在する。再生材はコンクリート塊，アスファルト・コンクリート塊，スラグ等に由来する再生材と新材との混合物である。

修繕工事によって道路から発生する副産物は，再利用されない場合，種類や性状に応じて建設廃棄物あるいは建設発生土に分類され，それぞれの基準に従って処理される。アスファルト・コンクリート塊の再利用率は2000年で98％，2002年で99％とほぼ全量が再利用されているが，路盤発生材の再利用量はこれと比較して小さく，利用未指定として礫混じり土として排出されている割合が大きい。

4.2 路盤建設における物質フロー分析の方法

4.2.1 新材の投入量

道路に投入される新材の量は経済産業省製造産業局住宅産業窯業建材課による砕石統計年報から把握することができる(**表-4.2.1**)。

表-4.2.1　路盤建設に投入されるバージン砕石量

	単位	1995	2000	2002
道路用砕石	百万t	183	163	133

4.2.2 再生材の投入量

一方，道路に投入される再生材については，国土交通省による建設副産物実態調査を利用することができるが，現場内で再利用される量がわからないため，以下の方法で推計する。

まず，道路面積を把握する必要がある。道路統計年報の分類に基づき，わが国の道路として高速・国・都道府県道と市町村道の2種類の道路種を考慮する。さらにアスファルト舗装と簡易舗装の2種類の舗装種を考慮する。道路種別・舗装種別の道路延長および幅員からわが国全体のアスファルト舗装，簡易舗装の道路面積を算出している。

つぎに，舗装構成を把握する。ここで用いた道路の舗装構成は**表-4.2.2**に示す。舗装構成は，原らに従い日本全体の道路の平均的交通量がB交通であることから，アスファルト舗装設計については設計CBR＝3で推定交通量がB交

表-4.2.2　道路の舗装構成の設定値

アスファルト舗装道路

	使用材料	厚さ（cm）
表層	加熱アスファルト混合物	5
基層	加熱アスファルト混合物	5
上層路盤	粒度調整砕石	25
下層路盤	クラッシャラン	25
合　計		60

簡易舗装道路

	使用材料	厚さ（cm）
表層	加熱アスファルト混合物	3
路盤層	粒度調整砕石	25
合　計		28

の道路の舗装構成としている。簡易舗装については設計CBR＝3の舗装構成としている。わが国全体の路盤層における平均厚さを舗装面積全体に対するアスファルト舗装・簡易舗装の比とそれぞれの舗装構成における路盤層の厚さを乗じて足し合わせることで算出している。

つぎに，道路への新材と再生材の重量を砕石の密度で割り，道路に投入される砕石の体積を算出する。その値を求めた路盤層の平均厚さで割ることで年間の打ち換え工修繕面積を算出する。ここで，修繕工法別の補修間隔を切削オーバーレイが8年，打ち換え工が12年とし，年間の切削オーバーレイと打ち換え工の割合をそれぞれx％，$(100-x)$％とすると，すでに求めた道路面積をそれぞれの修繕間隔と工法割合とを掛け合わせたもので割れば，年間の補修面積を推定できる。この値に工法割合を掛けると，それぞれ年間の切削オーバーレイと打ち換え工の修繕面積が推定できる。

続いてアスファルト舗装，簡易舗装の比を用いて打ち換え工，切削オーバーレイの年間修繕面積を，さらにアスファルト舗装における修繕面積と簡易舗装における修繕面積とに分ける。その値にアスファルト舗装，簡易舗装におけるアスファルト層の資材投入量を掛け，路盤建設で更新されるアスファルトストック更新量を算出する。更新され排出されたアスファルトはアスファルト・コンクリート塊として建設副産物となり翌年建設副産物実態調査へと記載されるはずである

が，算出したアスファルトストック更新量と次年度の建設副産物実態調査のアスファルト・コンクリート塊排出量には大きな差がある。そこで，算出した更新量と建設副産物実態調査の排出量の差分を現場内で再利用される副産物量とし算出する。

4.2.3 物質フロー分析結果および考察

表-4.2.3に道路修繕工法の割合を示す。打換え工の割合が減少し，切削オーバーレイ(OL)工の割合が増加している。切削オーバーレイ工の割合は1995年度に2割程度であったが，2002年度には5割近くに達している。工事単価と施工日数で比較すると，路盤から掘削して新材と更新する打換え工と比べ，表層のみを掘削して新材と更新する切削オーバーレイ工では単価が安く，さらに施工日数も短く経済的に有利であるため，切削オーバーレイ工の割合が高くなっていると考えられる。また，機能面を見ても路盤まで劣化が到達していなければ切削オーバーレイと打換えでは同等の機能を果たすと考えられている。このため，少々の劣化であれば局部的に打換えを行い，主に切削オーバーレイを施したほうが機能的にも経済的にも有利となってきている。

表-4.2.3 道路修繕工法の割合

年度	打換え工割合	切削OL工割合
1995	80.4	19.6
2000	65.7	34.3
2002	52.1	47.9

図-4.2.1に1995年，2000年，2002年における道路の路盤建設における資材投入量を示す。全体として路盤用砕石の投入量は減少している。内訳を見ると，新材投入量は減少している一方，現場内での再利用量が増加している。再資源化施設からの再生材投入量は，微減となっている。路盤用砕石における再生材(現場内再利用量＋再資源化施設からの再生材量)の割合は1995年の29％から2002年の40％へと増加している。

図-4.2.2に再資源化施設からの再生砕石投入量の内訳を示す。コンクリート塊由来の再生砕石は微増している一方，アスファルト・コンクリート塊由来の再生

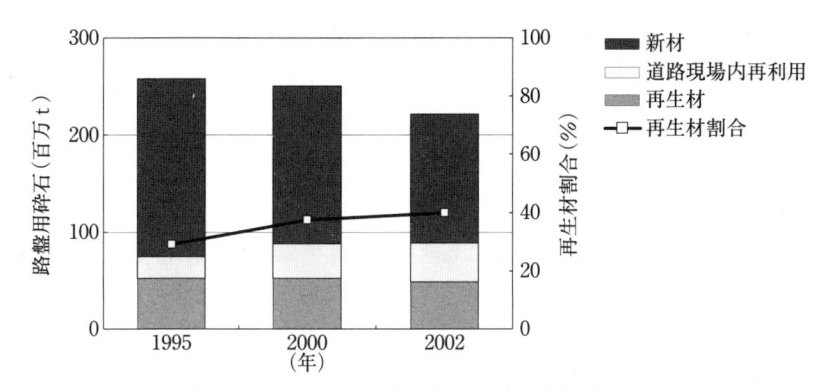

図-4.2.1 道路の路盤建設における資材投入量

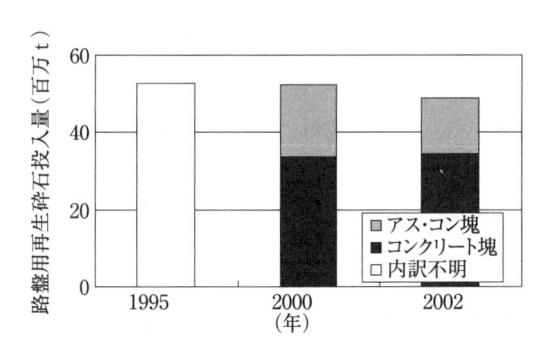

図-4.2.2 再資源化施設からの再生砕石投入量

砕石が減少していることがわかる。

以上の結果から，道路の路盤建設において，再生材の占める割合は増加していることがわかる。この理由は，新材の投入量が減少したことと，現場内での再利用が増大したことが原因であると推定される。

4.3 土石系循環資源利用の適正化を目的とした道路アセットマネジメント

わが国では，これまでに蓄積された土木構造物・建築物の解体・更新に伴い，建設廃棄物の発生量が増大することが予想されている。一方，建設廃棄物からの再生砕石のように土石系循環資源を大量に受け入れてきたのは道路であり，道路事

業は，土石系循環資源の受け皿としての役割を果たすことが期待されている。しかしながら，増大する建設廃棄物の量に対して，土石系循環資源の需要は減少していくと見られており，需給バランスの崩壊が懸念されている。道路事業に投入される資材は，バージン材ではなく土石系循環資源を用いるとともに，道路用資材の需要量をできる限り大きくするような事業計画を立てることにより，発生する建設廃棄物の量（供給）と，道路における土石系循環資源の利用（需要）とのバランスをとることが可能となる。ただし，道路修繕の第1の目的は，健全な道路を保つことである。循環資源の利用量のみに着目して修繕計画を立てた場合，快適な道路利用は損なわれ，利用者の損失に繋がるおそれがあるため，このような修繕計画は当然ながら成立しない。道路利用者が，劣化した道路を利用することによって被る損失を最小限に抑えるとともに，工事にかかる費用を縮減するようなアセットマネジメントの視点が重要である。

以上を念頭におき，ここでは，都市において発生する建設廃棄物の受け入れ先としての道路修繕工事に着目し，土石系循環資源利用の適正化を図るとともに，工事費用の縮減，道路利用者の損失の低減等を総合的に考慮した新たなアセットマネジメント手法を紹介する。

4.3.1 分析対象とした補修現場および修繕工法

ここでは，交通量と幅員が異なる道路を取り上げ，これらの道路の補修を分析対象とする。**表-4.3.1**に対象道路における交通量と幅員を示す。なお，補修現場1はC交通，補修現場2はB交通，また工事延長は300 mとし，道路の舗装構成は設計CBR = 4としてTA法に従っている。

道路の修繕工事では，路面のひび割れやわだち掘れおよび平たん性という路面健全度，また，これらを一元化した総合指標値であるMCI(Maintenance Control Index)によって劣化状況が評価され，MCI減少の度合いによって修繕のタイミングと工法が選択される。工法としては，アスファルト層のみを切削して交換す

表-4.3.1 分析対

対象道路	交通量（台/日）	幅員（m）
博多駅春日原1号線（補修現場1）	37 721	12.8
福岡志摩前原線（補修現場2）	4 253	7

る切削オーバーレイ(OL)工法が主流であるが，この工法で対応できないほど劣化している道路に対しては，アスファルト層および路盤層をすべて交換する打換え工法が選択される．工法によって工事費用は異なり，また資材の投入量も異なる．打換え工法は，切削オーバーレイ工法と比較して工事コストは2〜3倍であり，投入資材の量は6〜7倍である．ここでは，舗装の劣化が進むにつれて選択される工法は切削オーバーレイ工から打換え工へ変化するとし，MCIが3となる時点で打換え工法の割合が6割となるよう設定している．

4.3.2 道路修繕における土石系資源投入量

道路修繕における土石系資源投入量は，補修現場の交通量区分から決められる舗装構成における投入資材量原単位(t/m^2)および修繕面積(m^2)から式(4.1)〜(4.3)を用いて推定できる．

$$Q = Q_R \times R_1 + Q_O \times Q_t \tag{4.1}$$

$$Q_R = A \times \{D_{j1} \cdot d_{j1} \cdot (1+K_{j1}) \cdot RES_{j1} + D_{j2} \cdot d_{j2} \cdot (1+K_{j2}) \cdot RES_{j2} \cdot (1-SOIL)\} \tag{4.2}$$

$$Q_o = A \times D_{j1} \times d_{j1} \times (1+K_{j1}) \times (1-RV) \tag{4.3}$$

ここに，Q：循環資源利用量(t)
　　　　Q_R：打換え工を行った場合の循環資源利用量(t)
　　　　Q_O：切削オーバーレイ工を行った場合の循環資源利用量(t)
　　　　R_t：供用期間開始後t年における打換え工の割合(%)
　　　　O_t：供用開始後t年における打ち切削オーバーレイ工の割合(%)
　　　　A：補修面積(m^2)
　　　　D：舗装厚さ(m)
　　　　d：締固め後密度(t/m^3)
　　　　K：補正係数
　　　　RES：投入資材における循環資源の割合
　　　　$SOIL$：残土有効利用率
　　　　j_1：アスファルト層

j_2：路盤層

4.3.3 道路修繕における純便益

ここでは，道路修繕において発生する費用と修繕により損失発生を回避した回避額(発生した便益)の合計を道路修繕における純便益として算定する。

まず，管理者費用として，式(4.4)により補修現場の修繕費用を算定する。

つぎに，利用者費用として車両走行費用(4.5)を推定する。車両走行費用に関しては算出年次のMCIにおける車両走行費用と修繕年次のMCI(MCI最大)における車両走行費用の差として設定する。将来のMCI値を予測する供用性予測式[2]については式(4.6)，(4.7)を利用する。図-4.3.1 にMCIと車両走行費用原単位の関係を示す。

$$C_M = \frac{A}{100} \times \left\{ \left(p_R + p_S \cdot D_{j2} \cdot d_{j2} \cdot (1+K_{j2}) \cdot (1-RS) \right) \cdot R_t + p_O \cdot O_t \right\} \quad (4.4)$$

ここに，C_M：管理者費用(円)

p_R：打換え工単価(円/m^2)

p_S：残土処分単価(円/t)

p_O：切削オーバーレイ工単価(円/m^2)

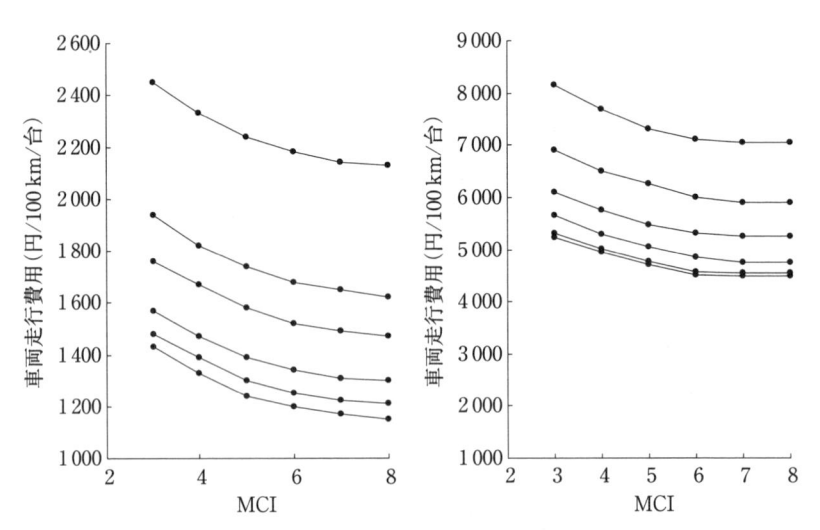

[出典] 建設省道路局国道第一課：舗装の管理水準と維持修繕工法に関する総合的研究，第40回建設省技術研究会，pp.362-381, 1987

図-4.3.1　MCIと車両走行費用原単位の関係

$$C_{U1} = (p_{V_t} - p_{V_{t0}}) \times T_t \times \frac{1}{2} \times L_1 \times 365 \tag{4.5}$$

$$C_{U2} = T_j \times \frac{8}{24} \times M \times p_T \times (W_R \cdot R_t + W_O \cdot O_t) \tag{4.6}$$

$$C_{U3} = T_j \times \frac{8}{24} \times L_2 \times (p_{VW} - p_{V_t}) \times (W_R \cdot R_t + W_O \cdot O_t) \tag{4.7}$$

ここに，C_{U1}：車両走行費用(円)

C_{U2}：時間損失費用(円)

C_{U3}：走行損失費用(円)

p_{V_t}：供用開始後 t 年目の道路における走行費用原単位(円/台・km)

$p_{V_{t0}}$：供用開始時の走行費用原単位(円/台・km)

p_T：時間価値原単位(円/台・分)

p_{VW}：工事区間通行速度の走行費用原単位(円/台・km)

i：車種

T_i：各車種の交通量(台/日)

M：工事中の走行時間遅れ(分)

W_R：打換え工を行う場合の工事期間(日)

W_O：切削オーバーレイ工を行う場合の工事期間(日)

L_1：施工延長(km)

L_2：規制延長(km)

4.3.4 道路修繕の効率性評価

　道路修繕における土石系資源利用の資源生産性を評価するため，土石系資源投入量を分母，道路修繕事業における純便益を分子とした資源生産性を定義し，式(4.8)により求める．

$$\begin{aligned} &\text{道路修繕事業における資源生産性(円/t)} \\ &= \frac{\text{道路修繕事業における準便益(円)}}{\text{土石系資源投入量(t)}} \\ &= \frac{\text{利用者損失の回避額(円)} - \text{管理者(修繕)費用(円)}}{\text{土石系資源投入量(t)}} \end{aligned} \tag{4.8}$$

　また，道路修繕における土石系循環資源利用の費用効率性を評価するため，ラ

イフサイクルコスト(管理者費用および利用者費用)を分母，ライフサイクル循環資源利用量を分子とした循環利用効率を定義し，式(4.9)により求める。

道路修繕事業における循環利用効率（t/円）

$$= \frac{\text{ライフサイクル循環資源利用料(t)}}{\text{ライフサイクルコスト(円)}} \quad (4.9)$$

4.3.5 推定結果および考察

図-4.3.2は，道路の修繕工事1回あたりに投入される資源量(縦軸)と，供用開始から修繕されるまでの期間(横軸)の関係を示す。ここでは道路が修繕されるまでの期間を最大11年と設定している。図より，修繕までの期間が長くなるにつれ循環資源の利用量が増大していく。道路を長期間修繕しない場合には劣化が進むため，資材投入量の少ない切削オーバーレイ工法では対応できなくなり，より多くの資材を必要とする打換え工法の比率が高まるためである。**図-4.3.3**は，道路のライフサイクルを通じた資源投入量(縦軸)と修繕間隔(横軸)との関係である。修繕間隔が短いと，多数回の工事が必要となるため，1回あたりの循環資源利用量は小さくても，ライフサイクル全体でみると合計量は大きくなる。この値は修繕間隔が長くなるに連れ減少していくが，1回あたりの資源利用量は修繕期間とともに増加するため，6年目以降，ライフサイクル循環資源利用量はほぼ一定となっている。

図-4.3.4，**図-4.3.5**は，それぞれ補修現場1，2の道路修繕事業における純便益の推定結果である。交通量の大きい補修現場1(**図-4.3.4**)では，純便益は供用開

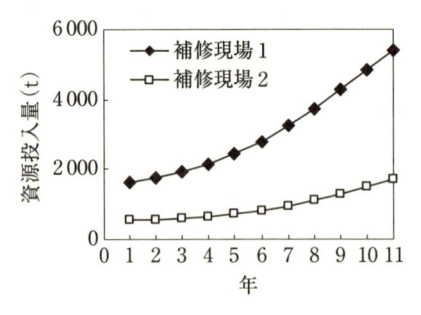

図-4.3.2 道路修繕工事1回あたりの資源投入量

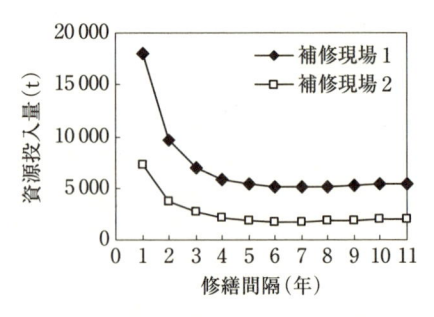

図-4.3.3 道路のライフサイクル資源投入量

4.3 土石系循環資源利用の適正化を目的とした道路アセットマネジメント

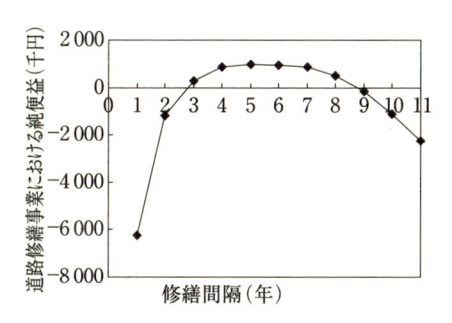

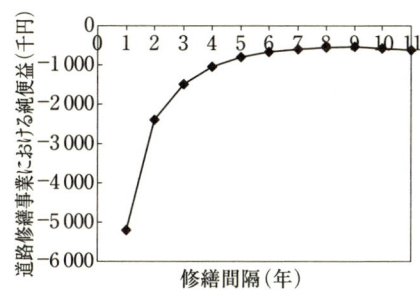

図-4.3.4 道路修繕事業の純便益（補修現場1）

図-4.3.5 道路修繕事業の純便益（補修現場2）

始後増加し，5年目で最大となるが，その後は修繕までの期間が伸びるにつれ減少する．一方，交通量が少ない補修現場2（**図-4.3.5**）では，純便益は供用開始後増加し9年目で最大値をとり，その後わずかに減少している．以上の結果から道路修繕にかかわる純便益は，修繕間隔が長くなるに伴い増加し，最大値をとった後減少するが，極値を示す修繕間隔に関しては交通量によって異なることがわかる．交通量が多い道路は，少ない道路と比較して利用者損失費用の増加ペースが大きいため，純便益は早期の段階で最大となり，その後減少する．これと比較して，交通量が少ない道路では，純便益が最大となるまでの修繕間隔が長く，極値をとった後もそれほど減少しない．

図-4.3.6，**図-4.3.7**に補修現場1，2における資源生産性と修繕間隔の関係を示す．交通量の多い補修現場1（**図-4.3.6**）では，資源生産性は修繕間隔5年で最大となっている．交通量が少ない補修現場2（**図-4.3.7**）では，修繕間隔10年で最大

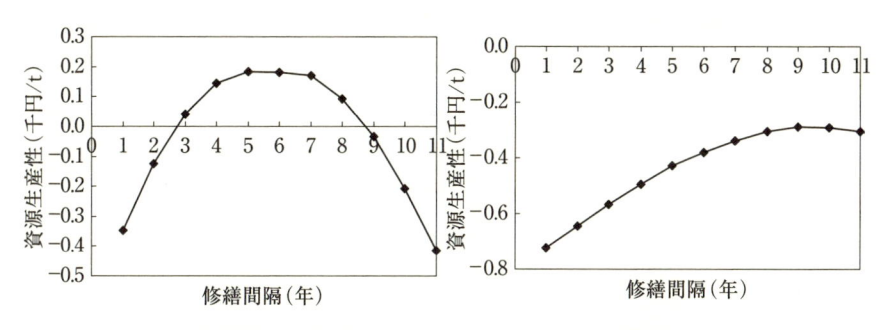

図-4.3.6 資源生産性（補修現場1）

図-4.3.7 資源生産性（補修現場2）

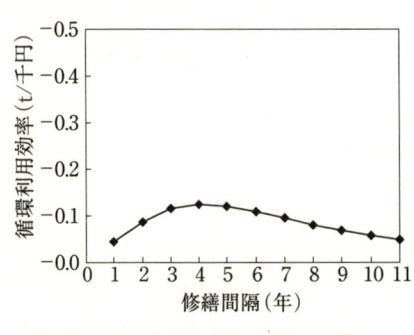

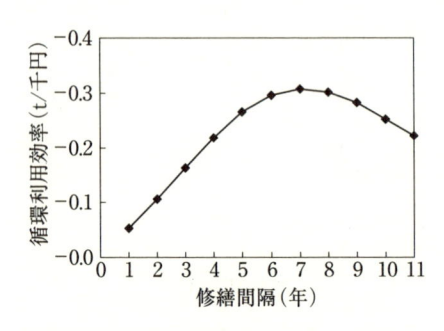

図-4.3.8　循環利用効率(補修現場1)

図-4.3.9　循環利用効率(補修現場2)

となっている。資源生産性は，純便益と資源投入量の比によって求められる。

図-4.3.8，図-4.3.9に補修現場1，2における循環利用効率と修繕間隔の関係を示す。交通量の多い補修現場1(図-4.3.8)では，循環利用効率は修繕間隔4年で最大値となる。修繕間隔が短い場合に循環利用効率が低いのは，修繕回数が多いため循環資源量が投入量が大きいものの，それに伴い修繕費用が大きくなるためである。交通量が少ない補修現場2(図-4.3.9)では，供用期間後半でも総費用があまり増加しないため，修繕間隔を長くすると循環資源の利用効率が大きくなり，修繕間隔7年で最大となっている。

参考文献
1) 原卓也，吉田好邦，松橋隆治：建設廃棄物に着目した道路のマテリアルバランス，土木学会論文集，No.734/vii-27, pp.85-97, 2003
2) 建設省道路局国道第一課：舗装の管理水準と維持修繕工法に関する総合的研究，第40回建設省技術研究会, pp.362-381, 1987
3) 中山裕文，岡村聡，島岡隆行：都市の道路アセットマネジメントにおける土石系循環資源利用の適正化に関する研究，第29回全国都市清掃研究・事例発表会講演論文, pp.264-266, 2008

第2部 資源循環再生学各論

第1章 地域水利用・循環論

1.1 持続可能な水利用と健全な水循環

1.1.1 生物の生存に不可欠な水資源

　水は，生物の身のまわりで固体・液体・気体として存在できる希な物質である。液体状の水は，その融点から沸点のわずか100℃程度の温度の範囲でしか存在し得ず，太陽との絶妙な位置関係により「青い惑星・水の惑星」地球が奇跡的に維持されていることがわかる。事実，太陽から相対的に遠い位置に存在する火星では，太古の昔に液体状の水が存在していたことが示唆されているが，現在は両極の氷冠あるいは地中の分厚い氷の層として固体の状態でのみ存在している。また，理論的に計算される地球の放射平衡（有効黒体）温度はおよそ−18℃であるが，実際には大気中に存在する二酸化炭素や水蒸気による温室効果により液体の水として存在し得る適度に温暖な環境が維持されているし，相対的に比熱が大きいために温まりにくく，冷めにくいという水の性質は地球に気候の安定化をもたらしている。

　地球上には約13.9億km^3の水が存在しているものの，その大半が海水である。ヒトを含めた多くの生物の生存や都市の形成において不可欠な淡水量は約2.5%の0.4億km^3程度（その7割程度は氷河）に過ぎない。これは，地球を直径1mの球に例えるならば，スプーン1杯にも満たない淡水量しか存在してしないことを意味している。人間の生活には一人1日50l程度の水が必要であるといわれているが，全世界で数十億の人々がこれ以下の水量での生活を強いられている。この水量の問題に加え，水環境の悪化による汚染された水の飲料を余儀なくされた人々の増加も懸念されている。水環境は，このような水量と水質に加えて，底質や生物などの多様な要素から構成されており，洪水調節や水質管理などによりそ

の水環境の全体が保全される必要がある(図-1.1.1)。今日問題となっている多くの地球環境問題の誘因は人口増加・都市化・工業化であり,水環境の悪化もこれら誘因によりもたらされている。図-1.1.2に示すように,都市全体を1つの生態系としてとらえたならば,都市生態系では生産者・分解者と消費者とが極端にアンバランスであるために,大量消費社会を支えるためには他の生態系に依存してしか成り立ち得ず,環境容量を上回る環境負荷により環境が劣化する。もちろ

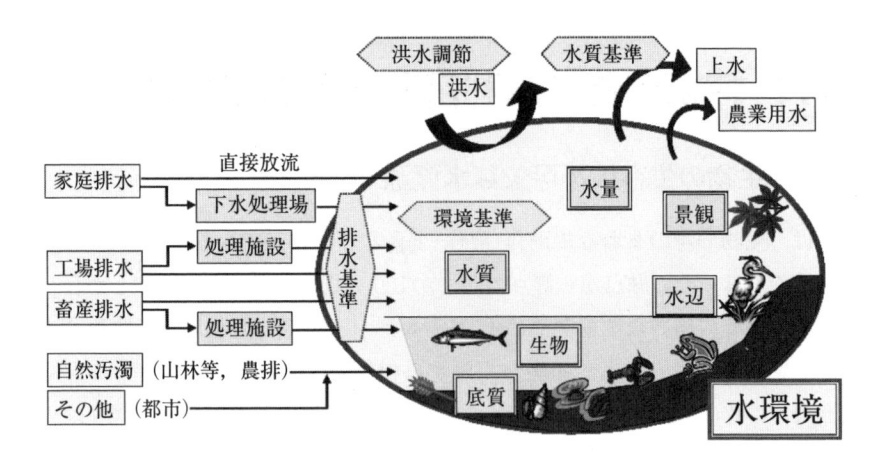

図-1.1.1　水環境の概念と保全

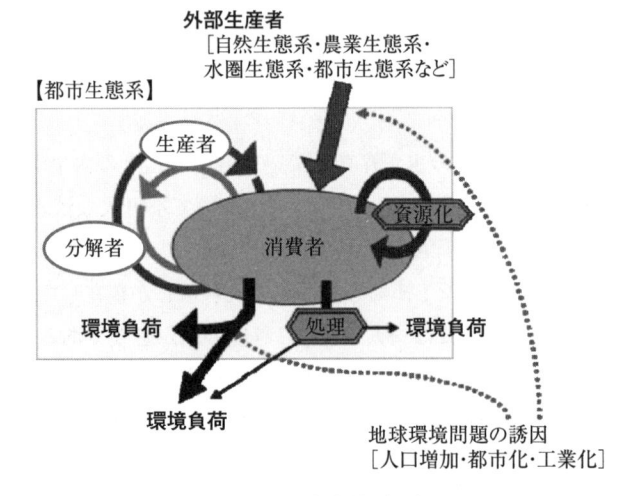

図-1.1.2　都市生態系の概要

ん，水処理施設や廃棄物処理施設によって環境容量を増強することや種々の再資源化も図られている。今日の持続可能な社会の構築において環境保全に配慮した都市形成が大きな課題となっており，とくにヒトを含めた生物の生存に不可欠な水を取り巻く環境を如何に良好に保全するかが最大の課題といえる。

さらに，「新自由主義」や「小さな政府」といった世界規模での大きな経済的・社会的潮流は水についても例外ではなく，さまざまな水問題や地域の格差・紛争を生んでいる[1]。本来，社会的・文化的公共財であるべき水が単なる必需品としての経済的財物と見なされ，市場価格で評価されることによって，水が本来持つ社会的価値が反映されない状況になりつつある。その結果，基本的人権としての水の確保や水へのアクセスが，とくに途上国の貧しい人々から奪われている。先進国や大企業が発展途上国の水資源を乱開発して枯渇させるといった構図や，スーパータンカーやパイプラインによる大規模な水輸送が水循環系を破壊して生態系に影響を及ぼすといった懸念が実際に現出しつつある。20世紀の「石油」戦争の時代から，21世紀には「水」をめぐる戦争が危惧されているが，戦争による物理的な地域水施設・水環境の破壊よりも，むしろ，強国や大企業による水にかかわる制度や水環境の経済的な破壊がより一層深刻に，そして静かに進行している。

1.1.2 水質汚濁問題の歴史的変遷

(1) 水質汚濁問題にかかわる法制の整備

我が国において，社会問題として認識された水質汚濁による公害の原点は明治期の渡良瀬川鉱毒事件である。足尾銅山からの排水により渡良瀬川下流の田畑が鉱毒の被害を受けた。大正期および昭和初期には，産業の近代化・重工業化に伴い，産業都市周辺の公害が問題化していった。また，人口の都市への集中により生活排水による水質汚濁や，地下水の過剰な汲み上げに伴う地盤沈下が顕在化してきた。第二次大戦敗戦後，産業がふたたび復興するとともに，さまざまな公害問題が拡大することとなり，1949～1954(昭和24～29)年にかけて，東京都や神奈川県，大阪府において工場・事業場に関する公害防止条例が相次いで制定されていった。さらに，1958(昭和33)年に工場排水規正法および水質保全法，いわゆる「旧水質二法」が制定され，水質汚濁問題の解決のための法律の整備が進み始めた時期といえる。しかしながら，それに前後して，熊本県水俣湾や新潟県阿賀

野川で有機水銀中毒が発生し、さらに、富山県神通川ではカドミウムの大量摂取が原因と考えられる「イタイイタイ病」が発生している。このように重金属類の有害性が明らかになると同時に、食物網を通じた生物蓄積の問題の重要性がこの時期にようやく一般の人々にも認識されるようになった。

こういった深刻な公害問題を背景に、公害防止対策の基本となる法律が求められるようになり、1967(昭和42)年に公害対策基本法が公布・施行された。本法では典型7公害が定義され、行政の目標としての環境基準が定められるなど、公害に対しての計画的かつ総合的な行政の推進を行い得る法制定がなされたことになる。しかし、実際には、典型7公害の一つとしての水質汚濁問題はほとんど改善されることはなく、逆に、本法施行後数年を待たずに、四大公害訴訟の第1号として阿賀野川有機水銀中毒事件の被害者による損害賠償請求訴訟が提起され、それにつづき、イタイイタイ病患者や熊本水俣病患者による訴訟が相次いで提起されている。1970(昭和45)年のいわゆる「公害国会」において、公害対策基本法が改正され、さらに、「水質汚濁にかかわる環境基準について」閣議決定された。その翌年には、水質汚濁防止法が施行され、工場および事業場からの排水や生活排水の公共用水域への排出が規制され、水質汚濁防止が図られた。その結果、著しい被害を伴うような水質汚濁問題は改善に向かった[2],[3]。

有害物質による汚染が大きく改善されたものの、一方、水質汚濁総量規制やリン・窒素にかかわる水質環境基準が新たに導入されたにもかかわらず、人口や社会経済活動が集中する都市の周辺では、湖沼や内湾等の閉鎖性水域の水質汚濁は一向に改善の兆しを見せなかった。これは、富栄養化問題として今日まで続いている。

こういった地域環境問題に加えて、地球温暖化や酸性雨、海洋汚染などの大規模な環境問題やそれに伴う自然環境の喪失に対する危機感がようやく一般の人々の共通のものとなったが、従来の公害対策基本法では地球規模での環境問題や自然環境の減少への対処は困難であった。そのためには環境への負荷が少なく、持続発展可能な社会の構築が必要であることから、公害対策基本法を廃止し、1993(平成5)年に環境にかかわる新たな法的枠組みとしての環境基本法が制定された。

1999(平成11)年にはダイオキシン類対策特別措置法が公布され、「ダイオキシン類による大気の汚染、水質の汚濁及び土壌の汚染に係わる環境基準について」告示され、それに基づき、ダイオキシン類の水質環境基準および底質環境規準が

新たに設定された。また，ハイテク産業に由来するトリクロロエチレン（TCE）や農業に由来する硝酸などによる地下水および土壌の汚染が顕在化し，欧米から大きく遅れてようやく2002（平成14）年に，土壌汚染対策法が制定された[4]。

(2) 上・下水道整備による都市衛生環境の改善

公害や環境問題に関する苦情件数は，2003（平成15）年度には，10万件を越えている（図-1.1.3）。典型7公害に対する苦情がその約3分の2を占めており，依然として，日本では大きな社会問題であることがわかる。水質汚濁に対する苦情件数は，大気汚染・悪臭・騒音に次いで多く，典型7公害への総苦情件数の約1割を占めている。

都市の衛生環境・水環境にかかわる地域水施設として上水道および下水道が果たしてきた役割は非常に大きい。

「文明のあるところに水道あり」といわれ，水道の起源は紀元前のメソポタミア文明や古代ローマ文明の時代にまで遡る。稲作を中心とした農耕社会であった弥生時代の日本の古代都市も同様であるが，当時の水道は，灌漑を主な目的とした，単に水を自然流下で導水する施設にすぎない。したがって，中世のヨーロッパや明治初期の日本においての水系感染症の大流行の結果，原水を浄水する操作を新たに付加した「近代水道」の創設が望まれることとなった。この「近代水道」に不可欠な単位操作は砂ろ過と殺菌であるが，日本で最初の「近代水道」の原形と呼

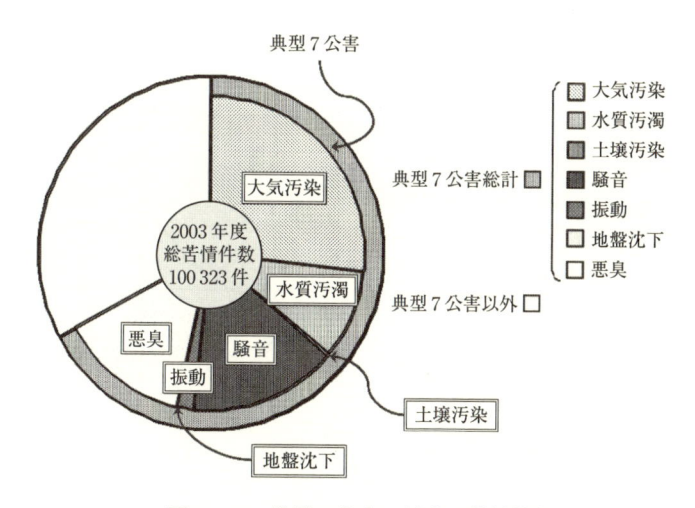

図-1.1.3 典型7公害に対する苦情件数

べるものは，1887（明治20）年に横浜市に建設された上水道である。それ以降，とくに第二次世界大戦敗戦後に，急激に水道は普及し，2004（平成16）年度末の水道普及率は97.1％に達している（図-1.1.4）[5]。それに伴い，水系感染症の患者数も急激に減少した。取水した原水に物理・化学的に凝集沈殿処理を施し，急速ろ過方式で砂ろ過処理した水を塩素で消毒する方式が現在の浄水の主流である。こうして生成された浄水は，有圧の下で給水される必要がある。このように水道の役割は水系感染症の防止であり，それに加えて，家事労働の軽減，洗濯や食器の洗浄，風呂水としての利用等による生活環境の改善である。さらに，生産や加工等の産業活動・社会生活に不可欠な社会基盤施設でもある。

一方，上水の利用に伴い必ず下水は生成されるので，下水道の歴史も古代メソポタミアまで遡り，また，都市計画に基づく下水溝はインダス文明を象徴する古代都市遺跡モヘンジョダロにも残されている[6]。当初の下水道は都市から下水を排除することで都市内の衛生環境を良好に維持することを目的としていたが，産業革命の時代になると，やがて都市に人口が集中することとなり，都市内外の水環境は急速に劣化していった。ようやく19世紀末にイギリスでは薬品による化学的な簡易下水処理が導入され，また，20世紀初頭にアメリカでは散水ろ床法による生物学的な下水処理が開始されている。今日，活性汚泥と呼ばれる微生物を利用して生物学的に下水は処理されることが多い。イギリスやアメリカにおいて20世紀初頭に開発されたこの活性汚泥法は1930（昭和5）年に名古屋市の下水

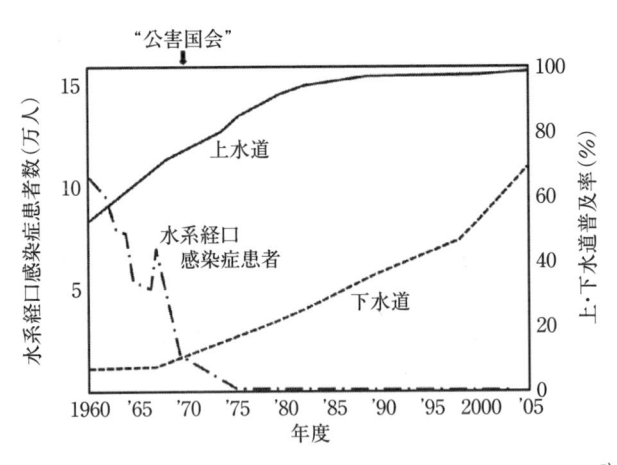

図-1.1.4　上・下水道普及率と水系経口感染症患者数の変遷[5]

処理場に初めて導入されている。このように，下水道は，水系感染症の予防や雨水による浸水の防除といった地域住民の生活環境の整備向上のための都市における基本的衛生施設であり，また，下水処理により汚濁負荷を削減することで広域的な公共用水域の水質保全にも貢献している。さらに，下水処理水を再利用することで貴重な循環水資源の確保にも役立っている。およそ1970(昭和45)年の「公害国会」以降，下水道普及率は徐々に上昇しているものの，2004(平成16)年度末の下水道普及率は68.1％であり(図-1.1.4)，とくに5万人未満の小都市では普及率は4割程度，10万人未満の都市も5割程度に止まっている(図-1.1.9参照)。

図-1.1.4に示されているように，上・下水道は水系感染症の患者数の低減といった衛生環境の改善に大いに貢献したことは明白である。一方，第二次世界大戦敗戦後の両者の普及率の推移の大きな乖離は，日本の高度経済成長期の公害やさまざまな水質汚濁問題を引き起こし，さらに，閉鎖性水域の富栄養化問題といった今日まで続く水環境問題の根本的原因ともいえる。

1.1.3 水環境・循環の現状

(1) 我が国の水収支

我々の生活や産業活動，あるいは，生態系を支える貴重な資源である水は，太陽エネルギーを原動力として降雨と蒸発散を繰り返し，その間，生物による物理・化学・生物学的な作用を受けつつ，自然の大循環を形成している。

日本の年平均降水量は約1700mmで，世界(陸域)の年平均降水量のおよそ2倍である。しかしながら，日本は国土が狭く，世界第4位の人口密度であるため，一人あたり年降水総量($5100m^3/$(人・年))は世界平均の約4分の1であり，また，一人あたり水資源量($3300m^3/$(人・年))は世界平均の約3分の1である[7]。さらに，国土の大半が山地であり，平地は3割程度しかなく，河川は非常に急峻であることから，また，降雨が梅雨や台風の時季に集中することから，世界有数の多雨地域であるにもかかわらず，日本では水資源の確保および安定的利用がきわめて難しい。

図-1.1.5に，日本の水利用の状況を示す[5]。降水量から蒸発散量を差し引いた平均水資源賦存量は約4200億m^3/年であり，渇水年ではその約6～7割程度の量となる。人による年間の水使用量は約890億m^3/年であり，平均水資源賦存量の2割程度にあたる。水使用量の約7割は農業用水として利用されており，生活

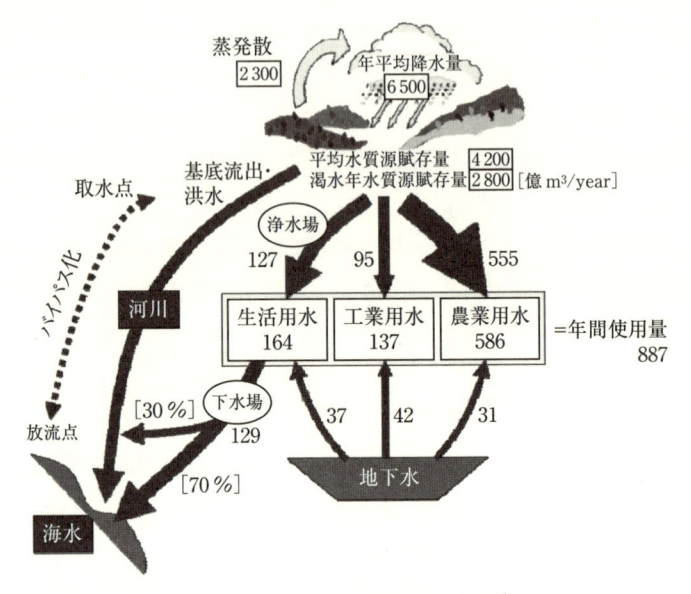

図-1.1.5　日本の水利用の状況[5]

用水は160億 m³/年程度である。生活用水の約8割は河川水などの表流水に依存し、残りは主に地下水で賄われている。下水処理場で処理された水の約3割は河川に放流され、残りの約7割の処理水は河口域を含む沿岸域に放流されている。

過去百年ほどの日本の年降水量の経年変化を見たとき、降水量は明らかに減少傾向にある。また、近年の異常気象の影響で、短期間での年降水量の変動幅が大きくなっており、例えば1994(平成6)年の「列島渇水」のように、大雨の翌年に大渇水となるような現象が顕著となっている。愛媛県の早明浦ダムは"四国の水瓶"と呼ばれ、洪水調節・用水維持・水力発電用の多目的ダムである。吉野川水系の中核ダムであり、総貯水量3.2億 m³、年間の用水開発量は8.6億 m³ である[8]。この早明浦ダムでは、2005(平成17)年夏季の大渇水で厳しい取水制限が実施され、8月末にはダムの貯留水がほぼ底を尽いた。ところが、9月5日の時点で貯水率が0％であったものが、9月7日には台風14号による豪雨により一挙に貯水率が100％となった。このように近年の異常気象による影響で、水資源の安定的な確保および利用、管理がきわめて難しくなりつつある。

都市の形成は、開発による直接的な自然の破壊や生態系への影響をもたらすだけではない。都市が形成されれば、当然、大量の水資源が必要となる。河川の上

流部で生活用水のための原水が取水され，河川の下流部に下水処理水が放流される場合，取水口から放流口までの間の河川の自流が減少し，生態系に大きな影響を及ぼす。図-1.1.5に示すように，下水処理水の約7割は河口域を含む沿岸域に放流されており，沿岸域の水環境・水質への影響のみならず，河川流量の低下に伴い原水取水口の下流域の河川生態系にも大きな影響を及ぼしていることに注意しなければならない。

(2) 水環境の現状

多様な要素からなる水環境は，洪水調節などの水量管理に加え，さまざまな水質管理が行われることにより，総合的に保全されなければならない（図-1.1.1）。水道法第4条に基づく水道水質基準は2003（平成15）年に大幅に改正された。一般細菌・大腸菌・カドミウム・水銀・セレン・鉛・TCE・ベンゼン・総トリハロメタンなど「健康に関連する項目」（30項目）と，亜鉛・アルミニウム・鉄・銅・塩化物イオン・pH・味・臭気など「水道水が有すべき性状に関連する項目」（20項目）が定められており，水道水はこれらの全項目について，基準に適合するものでなければならない。一方，水質汚濁防止法第3条に基づく排水基準は，有害物質の汚染状態について，排出水に含まれる有害物質の量に関する許容限度を定めたものである。環境省令に定められた排水基準（一律排水基準）は全公共用水域を対象とし，原則として工場や事業場などのすべての特定事業場について一律に適用される。一律排水基準には，カドミウムおよびその化合物・シアン化合物・有機リン化合物・鉛およびその化合物・六価クロム化合物・PCB・TCE・フッ素・アンモニアおよび硝酸性窒素などの「有害物質に関する排水基準」27項目と，pH・生物化学的酸素要求量（BOD）・化学的酸素要求量（COD）・浮遊物質量（SS）などの「生活環境項目に関する排水基準」15項目について，それぞれ許容限度が定められている。

環境基本法第16条には，『政府は，大気の汚染，水質の汚濁，土壌の汚染及び騒音に係わる環境上の条件について，それぞれ，人の健康を保護し，及び生活環境を保全する上で維持されることが望ましい基準を定めるものとする』とある。この環境基準は，政府が定める環境保全行政上の政策目標であり，環境汚染の改善目標である。したがって，政府は，排出水の規制などの公害防止に関する施策を総合的・効率的に講じて環境基準の確保に務めなければならない。水質汚濁にかかわる水質環境基準は，地下水を含むすべての公共用水域を対象とした「人の健康の保護に関する項目（健康項目）」と，河川・湖沼・海域の水域ごとに定められ

た「生活環境の保全に関する項目（生活環境項目）」とに大別されている．地下水については，前者の「健康項目」のみが定められている．「健康項目」には，カドミウム・全シアン・鉛・総水銀・PCB・硝酸性窒素および亜硝酸性窒素・フッ素など26項目の水質環境基準値が定められている．一方，「生活環境項目」には，水域別に，さらに，水道・自然環境保全・水産・工業用水・農業用水などの利用目的の適応性に応じた類型別に，pH・BODあるいはCOD・SS・溶存酸素（DO）・大腸菌群数などの水質環境基準値が定められている．湖沼および海域については，類型別に，富栄養化防止の観点から全窒素・全リンの水質環境基準値が設けられている．また，2003（平成15）年に，水生生物の保全にかかわる水質環境基準として，河川・湖沼・海域の水域別に，さらに，水生生物の生息状況の適応性に応じた類型別に，全亜鉛の基準値が定められた．これは，「生活環境項目」に導入され，生活環境上重要な水生生物やその餌生物，および，それらの生息環境の保全を意図している．さらに，1999（平成11）年には，ダイオキシン類対策特別措置法に基づき，ダイオキシン類の水質環境基準および底質環境規準が設定された．

　環境省が取りまとめた2005（平成17）年度の全国公共用水域水質の測定結果によると，「健康項目」の環境基準達成率は99.1％であり，ほとんどの地点で環境基準が達成されている．一方，「生活環境項目」のうち，有機汚濁の代表的な水質指標であるBOD（河川）あるいはCOD（湖沼・海域）の環境基準達成率は，河川で87.2％，湖沼で53.4％，海域で76.0％であり，全体では83.4％である．2003（平成15）年以降，50％を超える達成率とはなっているものの，湖沼の水質環境基準（COD）達成率は著しく劣る．湖沼の全窒素および全リンの環境基準達成率は46.6％と依然として低い状況となっており，また，海域においては82.2％である．工場排水などに起因する有害物質による汚染は改善されている一方で，生活排水や農業排水に起因する富栄養化が食い止められていない現状が浮き彫りとなっている．

　生活用水の約2割を占める地下水（**図-1.1.5**）については，環境省が取りまとめた2005（平成17）年度の地下水質測定結果によると，実施した井戸4 691本のうち297本の井戸において水質環境基準（「健康項目」）を超過する項目が見られ，全体の環境基準超過率は6.3％となっている．施肥や生活排水，家畜排水等による硝酸汚染や事業場排水によるTCE汚染などにより，硝酸性窒素および亜硝酸性窒素の超過率が4.2％と最も高く，TCEの超過率も0.3％となっている．

ダイオキシン類については，環境省が取りまとめた2005(平成17)年度のダイオキシン類にかかわる環境調査結果によると，公共用水域(河川・湖沼・海域の水質)全体で2.0％の環境基準超過率となっており，大半が河川において超過している。底質の超過率は0.4％，また，地下水質については超過した調査地点は無かった。

(3) 水環境・循環にかかわる諸問題

背後に都市などを抱え，大きな水質汚濁負荷源を有する内湾や湖沼といった閉鎖性水域の今日の最重要課題は貧酸素水塊の形成である(**図**-1.1.6)。流入する汚濁負荷が大きい上に，閉鎖性水域であるため汚濁物質が蓄積しやすく，さらに，存在量の少ない窒素やリンなどの栄養塩が水域に流入すると，光エネルギーを利用した一次生産によって，藻類などの植物性プランクトンや水生生物が過剰に増殖する(**図**-1.1.7)。このように，富栄養化によって有機物(COD)の内部生産(2次生成COD)が起こり，水質が累進的に劣化してゆく。つまり，表層で生産された有機物は下層に沈降し，動物性プランクトンなどの呼吸により分解され，その際，酸素が消費される。水中の酸素の溶解度は低く，また，その拡散速度も遅いため，とくに，水の上下混合の抑制される夏季成層期においては，大量の有機物が沈降すると底層では短時間で酸素が消費されて貧酸素水塊が形成される。その結果，例えば吹送流といった湧昇作用によって，底泥から溶出したアンモニアや硫化水素が表層に運ばれ，藻場や干潟といった貴重な生態系を破壊する。同時

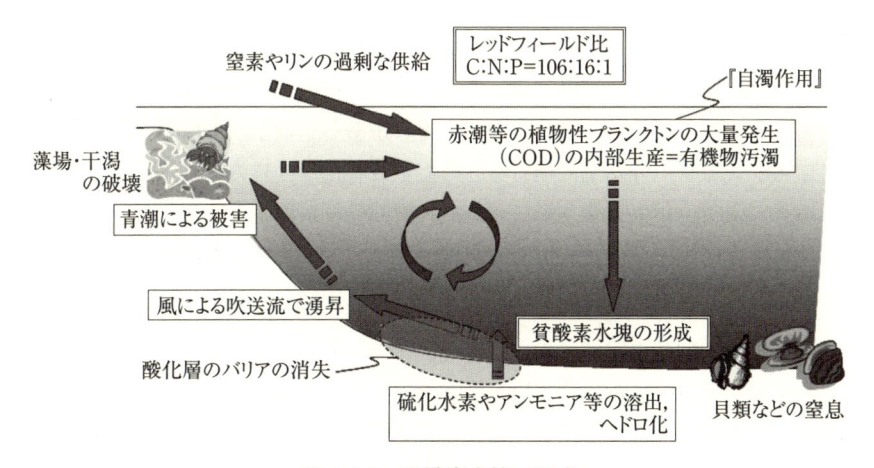

図-1.1.6 貧酸素水塊の形成

第1章 地域水利用・循環論

図-1.1.7 富栄養化した水域（左：植物性プランクトンによる"水の華（アオコ）"が発生している状況，右：ホテイアオイがクリークの水面を覆っている状況）

に，窒素やリンといった栄養塩を表層にふたたび供給することになる。貧酸素水塊が形成されれば，底生生物の多くが死滅し，さらに，有機物の嫌気的な分解速度がきわめて遅いことから，有機物の"掃溜め"となり，未分解の有機物が蓄積してヘドロ化する。海域であれば，いわゆる"死の海"が広がることになる。このような"死の海"は世界的に急速に広がりつつあり，国連環境計画UNEPによれば，その面積は1990年からの10年間で約2倍に広がったといわれている。

産業活動や生活様式が多様化するのに伴い，多種多様な有害化学物質が人工的に合成されてきた。有機溶媒や農薬などのように人間にとって有用である反面，それらは環境中で難分解性である場合が多く，さらに，それらが環境中に放出されると，人体や生態系への影響を予測し得ないような化学物質が副次的に生成されてしまう。例え微量の排出であったとしても，環境中に蓄積し，さらには，人を含めた生物中に蓄積し，濃縮されるおそれがある。近年，水環境中においてもダイオキシン類や内分泌撹乱物質などの微量有害化学物質の汚染が数多く報告されている。本来，浄水場あるいはその原水取水口は可能な限り河川の上流に設置され，下流側の下水処理場の放流水の影響を受けないように配慮されなければならない。しかしながら，国土の狭い我が国では，流域に複数の都市を抱えている場合には，下手の都市では河川の下流域で原水を取水せざるを得ない。そういった流域では，下水処理場の放流口と浄水場の取水口が複雑に前後に錯綜する場合があり，下流域に位置する都市では微量化学物質による健康被害のリスクは相対的に増加していると考えられる。これは，畜産排水の排出についても同様であ

る。

　その他，浄水にかかわる問題として，トリハロメタン（THM）に代表される消毒副生成物の問題と，クリプトスポリジウム（Cryptosporidium）に代表される病原微生物の問題が挙げられる。凝集沈殿・急速砂ろ過後の水は細菌等の不完全な除去の可能性があり，また，配水や給水途中での水質汚染・病原微生物汚染の可能性がある。したがって，あらかじめ浄水場においてろ過水に残留性のある塩素を消毒剤として添加し，給水栓末端まで消毒効果を保持させて，途中の汚染に対しても安全性を保つ必要がある。しかしながら，植物体の分解過程で生じたり，また，生活排水や畜産廃水に由来するフミン質その他の前駆物質は，消毒のために添加される塩素と反応して消毒副生成物を産出してしまう。その代表的な消毒副生成物がTHMであり，発がん性が疑われることから，クロロホルム・ジブロモクロロメタン・ブロモジクロロメタン・ブロモホルムの4物質の合計を総トリハロメタンと呼び，「健康に関連する項目」の一つとして水道水質基準が設定されている。人の健康を維持する上で衛生学的に完璧な水質であるべき水道水を介してTHMのような塩素消毒による副生成物が供給されることは厄介な問題である。同様に，水道という安全な飲料水を供給する公共施設が原因で，塩素耐性のある病原微生物による感染症が発生している。クリプトスポリジウムは塩素耐性の原虫（病原性を持つ寄生性原生動物）であり，近年，集団感染の事例が報告されている。1993年にアメリカミルウォーキーで40万人を超える人々が感染しており，我が国においても，その翌年に埼玉県越生町で上水道が原因で町民の7割近くに及ぶ約9 000人の集団感染が起こり，大きな社会問題となった。下痢や腹痛などの症状を呈するクリプトスポリジウム症は日和見感染症であり，老人や免疫不全患者に重篤な症状を及ぼす。ミルウォーキーの事例では死者も出ている[7]。

　下水処理場では，通常，活性汚泥法によりSSおよび有機物（BOD）の除去が行われている。しかしながら，富栄養化にかかわる窒素やリンといった栄養塩は下水からほとんど除去されることなく放流されており，湖沼や内湾といった閉鎖性水域の貧酸素水塊の形成の一因となっている（**図-1.1.6**）。下水道にかかわるその他の問題としては，CSO（Combined Sewer Overflows）問題がある。下水とは，家庭や事業場からの汚水と雨水であり，下水の排除方式により下水道は合流式下水道と分流式下水道に大別される。CSOとは，合流式下水道からの未処理汚水の雨天時越流水を指す。分流式下水道では汚水と雨水を別々の管渠で排除し，汚

水は常に下水処理場で処理される。設計が相対的に複雑で，2系列の管渠の敷設が必要であることからコストが割高ではあるが，水質保全の観点から新規の都市開発においては分流式下水道が主流である。一方，合流式下水道は汚水と雨水を1本の管渠で排除する方式である。生活排水による水質汚濁や浸水による被害をいち早く改善するために，その普及を優先した大都市の古い下水道にはこの方式が多く導入されてきた。合流式下水道では，晴天時にはすべての汚水が下水処理場で処理されて，公共用水域に放流される。一方，雨天時には大量の雨水が合流式下水道管を流下するため，すべての下水を処理場で処理することはできない。ある一定流量を越えた大量の雨水を含む下水は，主に，合流式下水道管に接続された雨水吐の内部の堰を乗り越え，未処理の汚水とともに公共用水域に放流され，排出先の水域を汚染する。その際，トイレットペーパーといった固形物や，大量の流水によって下水管表面から剥離した大きなオイルボールが沿岸部に漂着する場合もある。これをCSO問題と呼んでいる。

1.1.4 水環境・循環の再生に向けて

(1) 水質汚濁の発生とその防止

　山林等からの自然汚濁物質も含めて，家庭・工場・畜産場からの排水やそれらの処理水などに含まれる汚濁物質が水環境中に放出され(図-1.1.1)，また，大気中に放出された汚濁物質が降雨や降雪により水環境中に流入してくる。これらの汚濁物質は水環境の持つ物理・化学・生物学的なさまざまな作用を受け，結果として，水環境の時・空間的な質が決定される。水環境中で希釈されたり，沈降により汚濁物質が底質環境に移行する。微生物の呼吸や発酵といった異化作用により分解されたり，増殖や体内貯蔵物質の生産といった同化作用により摂取されることで，水環境から除去される。植物や光合成微生物の吸収による除去や，逆に，光合成による有機物(COD)の生産といった自濁化も起こる。水環境の持つ自浄作用により人や生物に害の無い物質に転換される場合もあれば，汚濁物質自体あるいはその副生産物の有害な急性毒性に加えて，PCBやダイオキシン類のような有機塩素化合物や重金属はたとえ微量でも蓄積性がある場合もあり，また，内分泌撹乱作用などの分子生物学・遺伝学的レベルでの作用を及ぼす場合もある。

　流入する汚濁物質量が水環境や底質環境の持つ自浄能力を上回れば，水質汚濁が起こる。したがって，水質汚濁防止策を以下のような形で進めることで，水環

境・生活環境の保全を図ることになる。

① 自然の水環境や底質環境，さらに，生態系の多様性を保全することで，先ずは自然の持つ優れた自浄作用の維持を図る，
② 排水の発生しない，そして，有害物質を利用しない生活様式へ転換するとともに，最小限の汚濁物質量の発生に抑制する，
③ 発生した汚濁物質から有用資源を回収・再利用しつつ，汚濁物質の処理により水環境への排出量を最小限に抑制する，
④ 水質に応じて水のカスケード利用を行う，
⑤ 失われた自然環境を再生して自浄能力の回復を図り，また，直接的に水環境から汚濁物質を除去する，
⑥ 人の飲用に供する場合には，浄水施設で有害物質を除去および無害化する。

浄水段階での対策は最終手段である。いったん，水環境中に汚濁物質を拡散させるとその除去には相当の努力とエネルギー，コストを要することから，汚濁物質の発生地点での対策が肝要である。まずは，汚濁物質となる可能性のあるものを利用しない，汚濁物質を発生させない生活様式に転換する必要がある。その上で，汚濁物質の発生量を最少化し，さらに，処理技術によって水環境へのその排出量を最低限に抑制する。これにより，自然の物質循環系に乗り，自然の持つ自浄作用の許容範囲内に収まる汚濁物質の状態・量に管理し，最終的には水環境中に緩やかに拡散させていくことが望ましい。このような持続型社会・環境共生型社会の構築により良好な水環境を維持していくことが必要である。

(2) 水質汚濁防止策：点源対策

工場や事業場・農地などで発生した負荷量を発生汚濁負荷量と呼び，排水処理が行われる場合には，処理後の負荷を排出汚濁負荷量と呼ぶ。水環境中のある地点での負荷量が流達（到達）汚濁負荷量である。この流達汚濁負荷量に依存して時・空間的な水質が変化し，環境基準点であれば，水質環境基準との比較により水環境の管理が行われる。生活用水・工業用水・農業用水の取水や水産業による利用，さらに，自然環境や水生生物の生態系の保全など，このような利水目的に応じた水質を満足する必要がある。水環境保全の政策目標として設定される水質環境基準を達成できるように，経済性とともにエネルギーや資源消費も考慮しつつ，種々の水質汚濁防止策が複合的に適用され，さまざまな要素から構成される

水環境全体が保全されなければならない。

図-1.1.8に示すように、水質汚濁の排出源は点源（特定汚染源）と面源（非特定汚染源）に大別される[2]。点源とは、工場や下水処理場のように特定の場所から排出される汚染源のことである。一方、面源とは、汚濁物質の排出点が特定しにくく、面的な広がりを持つ市街地・農地・山林等からの汚染源や、降雨等に伴って大気中から降下してくる汚染源のことを指す。

```
点源（特定汚染源）┬ 生活排水・・・台所、風呂、洗濯、トイレなど
                  └ 工事・事業場排水・・・製造過程における洗浄、冷却、希釈水など

面源（非特定汚染源）┬ 畜産 ┬ 排水・・・畜舎洗浄、家畜排水など
                    │      └ 家畜排泄物・・・野積み、素掘り、埋却箇所など
                    ├ 農業廃水・・・水田・畑地からの肥料、農薬など
                    ├ 都市排水・・・屋根・道路からの排水、CSO、分流雨水管排水
                    └ 自然汚濁・・・山林・裸地からの雨天時流出
```

図-1.1.8　水質汚濁物質の発生源[2]

点源対策としては、発生源が明確であることから、水質汚濁物質を水環境に拡散させる前の発生量抑制や排出抑制といった発生源対策が重要である。工場の生産工程の中で行われるさまざまな排水量および発生・排出汚濁負荷量を減少させるための処置のことを工場内処理と呼ぶ。① 排水の分別、② 用水の節約、③ 生産工程の変更による排水量の減少も、工場内処理による汚濁負荷量の削減に含まれる。① 製造プロセスの変更、② 設備の改良、③ 排水系統の分別、④ 排水の平均化、⑤ 副産物の回収、⑥ 排水系統のモニタリングによる排水中の汚濁物質濃度の減少が図られる。排水処理施設の管理は生産工程管理とは不可分であり、生産工程そのものの変更も含めた対策が必要となるため、排水処理の計画・管理においては、排水処理担当者だけでなく、生産担当技術者との緊密な連携が必要である[2]。

生活排水（し尿、生活雑排水）は公共下水道や合併浄化槽、し尿処理場、生活雑排水処理施設などにおいて処理される。100万人を越えるような大都市においては、下水道はすでにほぼ完全に普及している。一方、下水道の普及率の低い中小都市においても、水環境は水資源としての重要な機能を有していたり、あるい

は，貴重な観光資源である場合も少なくない。浄水場の原水取水口の上流域やダム湖などの水源地の周辺地域では，合併浄化槽の処理能力の向上やリンや窒素等の高度処理の普及が今後必要となろう。農・漁業集落排水事業においては，低コストの新技術・新工法の開発や遠隔監視システムの採用，排水処理過程で発生する余剰汚泥量の削減やその有効利用を図っていく必要がある。そういった中小都市において水質汚濁防止を図っていく際に重要なことは，処理のレベルと経済性の関係に配慮しつつ，地域の特性に応じた各種の排水処理施設の役割分担を行い，地域内のその適正な配置を図っていくことである[9]。

工場や事業場等からの排水の規制措置や監視測定体制の整備も重要な水質汚濁防止策である。国が定める排水基準(一律排水基準)では水質汚濁防止が不十分な水域や，水質環境基準の維持達成が困難な場合に，都道府県が条例で定める一律排水基準よりも厳しい排水基準(上乗せ排水基準)を設けることができる。また，一律排水基準に無い規制項目を条令で追加することもできる(横出し排水基準)。さらに，汚濁物質の発生施設ごとの排出規制では水質環境基準の維持・達成が困難である場合には，地域の工場・事業場全体の排出汚濁負荷総量を削減する規制手法もある(総量規制基準)。

現在，我が国で流通している化学物質は5～6万種ともいわれており，我々の生活や産業活動に不可欠である反面，有害性や蓄積性のある化学物質についてはその取扱いや管理方法によっては水環境・底質環境汚染を引き起こし，人の健康や生態系に悪影響をもたらす。今日，水環境中に拡散した有害化学物質による人や生態系へのリスクは確実に上昇している。有害化学物質の発生源と環境への排出量，あるいは，廃棄物に含まれて工場・事業場から運び出された量などのデータを事業者自らが把握して行政に報告し，行政が化学物質の環境中への排出量や移動量を把握・集計・公表する仕組みがあり，これが「PRTR(Pollutant Release and Transfer Register, 環境汚染物質の排出および移動の登録)制度」である。また，事業者による化学物質の適切な管理を促進するため，事業者間で化学物質あるいは対象化学物質を含有する製品の取引・譲渡を行う際に，その化学物質の物理化学的性状および取扱いに関する情報を事前に提供することを義務づけたものが「MSDS(Material Safety Data Sheet, 化学物質等安全データシート)制度」である。さらに，化学物質を製造し，または，取扱う事業者自らが，化学物質の開発から製造・流通・使用・廃棄に至る全ライフサイクルにわたって，環境および安全

を確保することを経営方針において公約し，安全・健康・環境面の対策を実行して改善を図っていく自主管理活動として「レスポンシブル・ケア活動」がある。このように，化学物質を使用する工場や事業場自らが，国や地方自治体といった行政，住民，NPO・NGOといった市民団体とのリスクコミュニケーションを深化させ，化学物質による環境リスクを減らす仕組みが存在している。一方，EUでは，化学物質の新しい規制手法としてREACH(Regulation on the Registration, Evaluation and the Authorization of Chemicals, 化学物質の登録・評価・認可に関する規制)が2007年6月に発効することになっている。従来のように，人や環境に対する悪影響が明らかになった後に規制するのではなく，「ノーデータ・ノーマーケット原則」となり，基本的には，有害性に関するデータのない物質は流通や使用が許可されなくなる。

(3) 水質汚濁防止策：面源対策と水域の直接浄化

　点源については発生源においての対策が功を奏しており，したがって，今後，水環境保全や水質汚濁防止の上で重要になってくるのは面源対策であろう。

　都市排水については，浸水の安全度の向上とともに地下水涵養を促進する雨水流出抑制施設・雨水貯留浸透施設・浸透式調整池などがあり，同時に汚濁負荷の削減も兼ねた雨水貯留管や雨水滞水池などもある。重金属や有機物，窒素やリンなどの汚染が懸念される道路排水については，水環境への負荷が予想以上に大きいもの[10)-12)]，道路清掃以外の有効な水質汚濁防止策は見出されていない。水田や畑地などの農地からの排水や地下浸透水については，農業用水・排水の水量・水質管理の改善や適正な施肥の実施などによる排出汚濁負荷量の低減を進めていくことが重要である。化学肥料あるいは有機質肥料の流出に加えて，農薬の散布が微量汚染物質の排出源となっている。レイチェル＝カーソン著『沈黙の春』で指摘された有機塩素系農薬や有機リン系農薬のほとんどは，現在，使用禁止となっている。2002(平成14)年に改正された農薬取締法では，無登録農薬の製造・販売・使用の禁止に加えて，その輸入が禁止され，また，使用者が遵守すべき農薬の使用基準の設定がなされた。水道水については，2003(平成15)年に新たに追加された水道水質基準を補完する項目としての水質管理目標設定項目(27項目)の中に農薬類が設けられている。全国の検出状況や使用量などを考慮して，101項目の農薬がリストアップされて「総農薬方式」が導入され，各農薬の目標値に対する検出値の比の総和が1を超えないこととして設定されている。

畜産家畜排泄物は堆肥化されて肥料として農地に還元された場合，あるいは，素掘りや野積みされた場合，雨天時に雨水とともに河川に流出してくるが，その量や質はほとんどわかっていない。家畜排せつ物の管理の適正化および利用の促進に関する法律として1999(平成11)年に施行された家畜排泄物法では，2004(平成16)年11月から，家畜糞尿の貯留槽や処理施設，堆肥舎の床や側壁をコンクリートなどの不浸透性材料で整備することが義務づけられ，素掘りや野積みを行うことが禁止された。

　分流式下水道の場合には，雨天時に，道路排水に含まれるさまざまな化学物質や土砂などが直接的に河川に流出する問題がある。一方，合流式下水道からの未処理汚水の雨天時越流水(CSO)も水質汚濁源として依然として大きな問題である。すでに合流式下水道により整備された地域では完全分流式下水道への転換が困難であることから，既存の水路などを雨水管路として利用した汚水分流式下水道が経済性からも現実的な対策であろう。さらに，合流式下水道の改善対策として，下水処理場においての高速凝集分離技術などを応用した簡易な処理の導入や，地下に設けられた雨水滞水池での一時的貯留後の下水処理なども検討されている。2002(平成14)年に創設された下水道新技術開発プロジェクト(SPIRIT21)委員会では，産学官が連携して合流式下水道の改善に関する技術開発が検討され，きょう雑物除去(スクリーン)・高速ろ過・凝集分離・消毒・計測制御に関する24の新たな技術が実用化されている[13]。

　このような水質汚濁物質の発生源対策の他に，河川水礫間浄化手法や土壌・植生を利用した水質浄化手法などの水域の直接的浄化対策もある。

(4) 水資源開発に関する方策

　我が国の人による年間の水使用量のうちの約9割は河川水により賄われているが(図-1.1.5)，年間の河川流量の変動は大きく，したがって，ダムなどの水資源開発施設により流量の安定化がなされている。水資源開発促進法に基づいて，産業の開発・発展や都市人口の増加に伴い広域的な用水対策を実施する必要のある7つの水系を水資源開発水系に指定し，水資源開発基本計画(フルプラン)を策定して総合的な水資源の開発と利用の合理化が進められている。2004(平成16)年度の時点で，この水資源開発水系から用水の供給を受ける6つのフルプラン地域における人口が全国に占める割合は約50％となっている[14]。

　一方，地下水は大規模な貯水・取水・供給施設を必要としないため，生活用水や

工業用水，農業用水に加えて養魚用水や消雪用水など各種の用途に利用されている。地下水は個々の使用者が設置した取水施設により直接取水されるために，その取水量を厳密に把握することは難しいが，我が国の人による年間の水使用量のうちの約1割程度を占めている現状にある（図-1.1.5）。また，地下資源であるために水資源としてのその存在量の把握も困難であるが，地球上の全淡水量に対する地下水量の割合は約30%という報告もある[7]。地下水がいったん汚染されると，その浄化が困難な場合が多く，浄化が可能であっても長時間を要することが多い。地下水の過剰取水による地下水位低下・地盤沈下・塩水化の問題なども考慮する必要があるものの，地下水量・水質を保全しつつ，その利用を図っていくべき貴重な水資源であるといえる。

雨水は島嶼部における貴重な水資源である場合が多く，また，降雨量の多い発展途上国においては簡易な施設で比較的容易に確保可能な自立した水資源である。さらに，我が国の都市部では，流出抑制対策として設置された雨水貯留管や雨水滞水池などの貯留施設を応用して，水資源として雨水の利用を図ることも数多く行われるようになった。この種の雨水利用施設は地下への涵養や都市河川の水量の適切な維持による洪水・渇水対策などのためにも利用され，水環境・水循環を再生する上で重要な役割を果たし得る。2002（平成14）年度末において，全国の雑用水利用施設のうちの約45%にあたる1 246施設で，水洗トイレ用水等の雑用水として雨水が利用され，その施設数は年々増加している[14]。

地球上の水の97.5%は海水である。周りを海で囲まれた我が国では，とくに渇水期においては，海水は貴重な水資源となり得る。海水から塩分等を除去する海水淡水化技術には蒸発法やLNG冷却利用法，電気透析法などさまざまあるが，近年，エネルギー消費量が相対的に少なく，微細孔によって1～10Åの低分子溶質を分離可能な逆浸透（RO）膜法が主流となっている。水資源の乏しい離島の生活用水の供給のためにRO膜による海水淡水化技術が利用されたり，また，都市部でもビルの冷却用水や工業用水としてRO膜で地下水の不純物除去を行う例が見られるようになった。大規模なRO膜法による海水淡水化プラントは沖縄県北谷町（造水能力40 000m^3/日）や福岡市東区奈多地区（同50 000m^3/日）において供用されている。

その他の水源としては，下水や産業排水等の再生水が挙げられる。下水処理水の再生利用は，河川や地下水等の自然の循環系とのかかわりの有無によって開放

系循環方式と閉鎖系循環方式に分けられる。開放系循環方式のうち，下水処理場の上流へ送水する形（流況調整方式）で下水処理水を再利用する事業は（**図-1.1.5**参照），荒川調整池総合開発（開発水量30万 m^3/日）や那珂川・御笠川総合開発（同1.5万 m^3/日）などで実施されている。自然の循環系とのかかわりを持つことなく直接再利用される閉鎖系循環方式として，消泡水や洗浄水のような下水処理場内での再利用と，処理水を処理場外に送水して雑用水や環境用水，融雪用水など各種の用途への再利用が行われている。**表-1.1.1** に示すように下水処理水はさまざまな用途に利用されており，例えば，福岡市中部水処理センターの再生水（再利用量約4 000m^3/日）は水洗トイレ用水などとして天神地区・百道・博多地区等へ送水されている。しかしながら，我が国の下水処理場からの処理水排出量は約130億 m^3/年程度（**図-1.1.5**）であるが，処理場外での再利用は2億 m^3/年程度に止まっている（**表-1.1.1**）[14]。一方，節水意識の促進や節水型機器の導入といった狭義の節水に加えて，産業排水の再利用は水使用合理化の上できわめて重要である。産業排水の再利用には，① 冷却排水を洗浄用水に利用するなど，ある用途に使用した水をそのまま他の用途に使用する「カスケード利用」や，② 冷却用水の循環利用のように，ある用途に使用した排水をほとんど無処理で同一用途に再利用する「循環利用」，③ 排水に適当な処理を行って水質を改善してふたたび使用する「再生利用」，がある。この「再生利用」には，① もっとも一般的な，ある工程の

表-1.1.1　下水処理水の再利用の状況 [14]

再生水の用途	処理場数	再生水量(万 m^3/年)
水洗トイレ用水（中水道・雑用水道等）	43	545
環境用水　　1. 修景用水　　2. 親水用水　　3. 河川維持用水	74　16　9	4 567　389　5 366
融雪用水	31	3 814
植樹帯散水	70	29
道路・街路・工事現場の清掃・散水	87	16
農業用水	23	1 487
工業用水道への供給	3	344
事業所・工場への直接供給	51	2 089
計		約1.9億m^3/年

排水の処理水を同一工程の同一用途に再利用する「局部的再生利用」や，② 各工程水を総合的に再生処理・再利用する「工場単位再生利用」，③ 工業団地等で再生処理・再利用する「地域的再生利用」，がある。ただし，水使用合理化を行う際には，水ばかりに目を奪われてはならず，節水や産業排水の再利用にかかわる総合的なエネルギー消費の抑制や大気汚染・固形廃棄物の増加抑制も勘案した上で実施されなければならない[2]。

(5) 地域水施設の整備・管理の在り方

水道は20世紀の我々の生活環境や産業活動を支えた重要な社会基盤施設であり，2004(平成16)年度末の水道普及率は97.1％に達している(**図-1.1.4**)。しかし，20世紀に整備された水道の老朽化とその更新の問題や，少子化による人口減少の問題，「新自由主義」や「小さな政府」といった世界規模での大きな経済的・社会的な潮流に起因する水道自由化への流れ，あるいは，「平成の大合併」による市町村の枠組みの変化など，21世紀初頭の我が国の水道を取り巻く環境は大きく変化しており，これらの諸問題の解決に向けた具体的な施策の提示が求められている。

厚生労働省健康局水道課では，水道基本問題検討会においての「21世紀における水道及び水道行政のあり方(1999(平成11)年6月)[15]」の議論や成果に立脚しつつ，その後の我が国の水道を取り巻く環境の変化や水道事業の抱える課題の深刻化を受け，水道ビジョン検討会の場において，現状と21世紀中ごろを見据えた将来の見通しの分析と評価を行い，今後の水道のあるべき姿を検討している。その結果を「水道ビジョン」として策定し，2004(平成16)年6月に公表している[16]。その際，

- 人口の減少
- 施設の老朽化の進行
- 地震，テロ対策等の重要化
- 環境問題の重要化
- 飲料水の質および水道料金等に対する国民の関心の高まり
- 国・地方公共団体の財政難に伴う公的補助等の削減傾向
- 国際的な水を巡るビジネスの活性化，国際協力の必要性の高まり

等を前提条件として検討し，以下の5つの長期的な政策目標を提示している。

① 安心：すべての国民が安心しておいしく飲める水道水の供給

表-1.1.2 「水道ビジョン」に示されている施策 [15), 16)]

施策群	主要施策	各種施策の一例
1. 水道の運営基盤の強化	新たな概念による水道広域化計画の推進	・広域化ガイドライン作成と広域化効果の評価手法の確立 ・都道府県等による新広域化計画の策定, 等
	最適な運営形態の選択および多様な連携の構築	・第三者委託, PFI等の実施に係わる各種手引きの策定 ・第三者委託導入の合理性評価手法の確立, 等
	適切な費用負担による計画的な施設の整備・更新	・経営健全性評価手法の構築 ・水道事業計画に関する情報提供, 需要者のニーズ把握および改訂方策の検討, 等
2. 安心・快適な給水の確保	原水から給水までの水道水質管理基準の向上	・水道水質管理基準の評価指針の設定・適用, 見直し ・水質検査計画・水安全計画等によるリスクコミュニケーションの推進 ・流域圏毎の水質管理情報の共有化・公表の仕組みの構築・推進, 等
	未規制施設等小規模な施設の水質管理対策の強化	・小規模施設の規制対象への取り込み等の検討 ・小規模施設の設置者の管理義務の見直し・強化, 等
	給水管・給水用具の信頼性向上	・構造および材質の基準の見直しの検討 ・鉛管対策の充実, 等
	より高度な水質管理技術の導入の促進	・モデル事業の支援 ・新技術導入にあたって必要となる関係者との連携の推進（取水方法での関係, 排出源の制御での関係, 排出水質や状況の情報網など）, 等
3. 災害対策等の充実	地震対策の充実, 確実な対応	・水道事業者連絡協議会の設置による圏内給水安定性の向上 ・防災担当部局と共同, 連携した施設の重点的・戦略的な整備, 等
	地域対策を踏まえた渇水対策の推進	・改善の指示を可能とする水道施設機能評価制度の制定 ・渇水連絡調整協議会の関係機関, 市民と連携した給水安全度確保方策の推進, 等
	相互連携, 広域化による面的な安全性の確保	・水道施設再編, 災害対策に関するコンサルティング機関の設置, 等
	事後対策の充実	・水道事業者の応急給水計画の策定状況, 応急復旧体制整備状況の評価, 公表 ・水道応急復旧資材確保事業の新設, 等
4. 環境・エネルギー対策の強化	環境対策と経済発展の双方の利点を併せ持つ取り組み（Win-Winアプローチ）の推進	・環境負荷削減や再生資材の利用促進を評価する指標の導入および目標設定 ・再生可能エネルギーや省エネルギー対策等に関連した新技術の普及, 等
	水利用を通じた環境保全への積極的な貢献	・事業者による環境報告書作成の積極的推進 ・環境保全に貢献する水道水利用技術の開発, 等
	健全な水循環系の構築に向けた連携強化・水道施設の再構築	・流域内の関係機関や住民との連携による水利用システムの見直し ・水利権の用途間転用などの水利用合理化 ・自然の水循環機能の維持向上などの上下流連携, 等
5. 国際協力を通じた水道分野の国際貢献	海外への水道技術の移転	・水道分野の国際協力人材バンク, 国際協力に従事する技術者養成, 等
	我が国の水道の国際化	・WHO等の国際機関の主催会議等における政策提案, 国内政策へのフィードバック, 等

② 安定：いつでもどこでも安定的に生活用水を確保
③ 持続：地域特性にあった運営基盤の強化，水道文化・技術の継承と発展，需要者ニーズを踏まえた給水サービスの充実
④ 環境：環境保全への貢献
⑤ 国際：我が国の経験の海外移転による国際貢献

「水道ビジョン」では，これらの目標を達成するための主要な施策が**表-1.1.2**のようにまとめられている。

一方，2004(平成16)年度末の下水道普及率は68.1％，また，農業集落排水事業施設や合併浄化槽等も含めた汚水処理普及率は79.4％である。都道府県別の下水道普及率については東京都が98.2％である一方で，徳島県が11.2％である。都道府県別の水道普及率が84～100％であることから，下水道は地域格差の非常に大きな社会資本であることがわかる。これは都市規模で見た下水道の整備状況からも明らかであり，総人口は100万人以上の都市と同規模であるにもかかわらず，5万人未満の都市では下水道普及率は36％程度に止まっている(**図-1.1.9**)[17]。汚水処理普及率でも，5万人未満の都市では60％程度である。

我が国の70％程度の下水道普及率および80％程度の汚水処理普及率は諸外国の普及率と比較して遜色は無い(**図-1.1.10**)[17]。しかしながら，閉鎖性水域の富栄養化問題といった観点などから下水の高度処理の導入が必要となっているが，

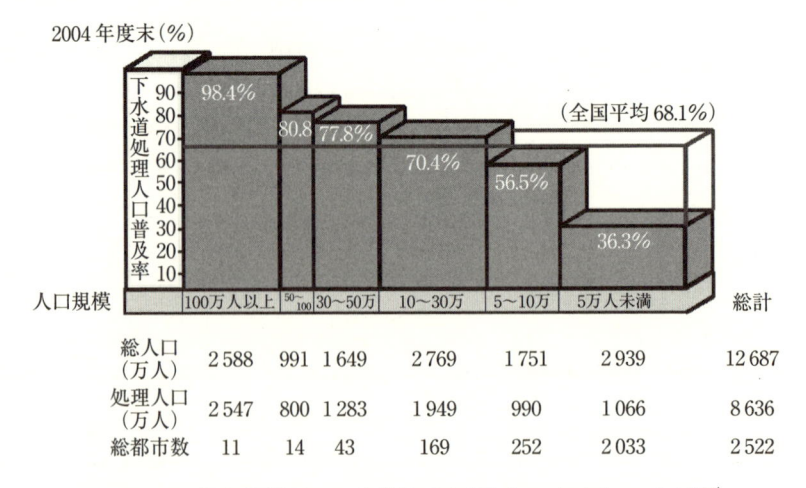

人口規模	100万人以上	50～100万	30～50万	10～30万	5～10万	5万人未満	総計
下水道処理人口普及率(%)	98.4	80.8	77.8	70.4	56.5	36.3	(全国平均68.1％)
総人口(万人)	2 588	991	1 649	2 769	1 751	2 939	12 687
処理人口(万人)	2 547	800	1 283	1 949	990	1 066	8 636
総都市数	11	14	43	169	252	2 033	2 522

図-1.1.9 都市規模別の下水道普及率(平成16年度(2004)末)[17]

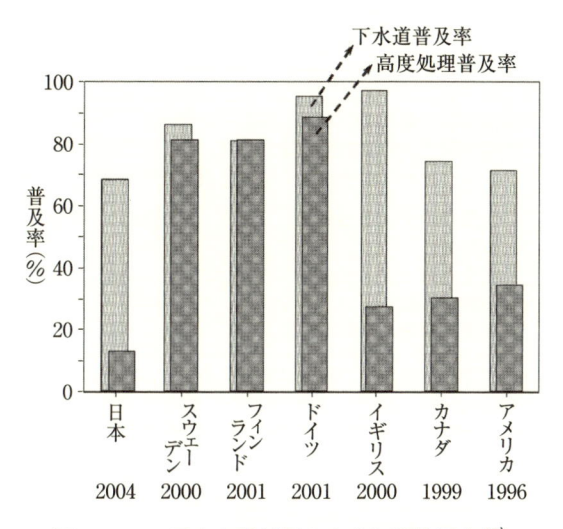

図-1.1.10　日本と諸外国の高度処理普及率[17]

それは諸外国に比べかなり劣っている。2004（平成16）年度末の我が国の高度処理普及率は13.2％である。

　下水道は，当初，合流式下水道を中心として水系感染症の予防や雨水による浸水の防除といった地域住民の生活環境の向上のために，その後，広域的な公共用水域の水質保全のために整備されてきた。さらに，下水処理水を再利用することで貴重な循環水資源の確保にも貢献してきた。しかしながら，上水道と同様に，社会情勢や経済情勢の大きな変化に伴い，21世紀初頭の下水道に求められる役割は多様化してきている。国土交通省都市・地域整備局下水道部では，日本下水道協会と共同で，下水道政策研究委員会を設置し，2002（平成14）年5月に「中期的視点における下水道整備・管理の在り方について」の報告書を取りまとめている[18]。この報告書では，①21世紀社会の重要な視点として，「人」・「水」・「地球」を掲げ，この視点から望ましい姿を実現するために，下水道が有すべき機能とその実現のための施策を整理し，また，②整理された施策ごとの長期的な整備目標をまとめるとともに，それぞれについて中間的に重点化すべき分野，地域などの方向性を提示している。下水道の有すべき8つの機能に対するその中期的重点化の方向性は**表-1.1.3**のようにまとめられている。その後も，下水道政策委員会では，下水道中長期ビジョン，下水道財政・経営論，流域管理の各小委員会での議

表-1.1.3 下水道の中期的重点化の方向性[18]

8つの機能	中期的重点化の方向性
1. 汚水処理の早期普及	①相対的に遅れている中小市町村に重点化 ②水質保全上重要な地域に重点化 ③ストック有効活用の観点から既着手地域に重点化（新規着手の厳選）
2. 汚水処理の高度化	①水質保全上重要な地域に重点化（指定湖沼，総量規制地域，水質水源地域等） ②高度処理を普及促進のステップアップと考え，処理人口普及率が高い都市への重点化 ③高度処理水の再利用の観点から，渇水が起こりやすい地域への重点化
3. 下水汚泥の減量化・リサイクル	①可能な地域から計画的に実施することによるリサイクル推進 ②汚泥処理に伴う，消火ガスや燃焼熱等の有効利用を可能な限り推進（有機性廃棄物の集約処理によるサーマルリサイクル等，地球温暖化防止にも貢献）
4. 雨水対策	①ナショナルミニマム対策（概ね5年に一度の降雨対策）に重点化 ②高度な経済活動があり都市機能が集中している都市部に重点化 ③流水抑制（貯留・浸透）を一層促進 ④水路の開渠化および活用（平常時の水辺確保） ⑤雨水の水資源としての利用（せせらぎ，ビオトープ） ⑥積雪対策施設の整備（雪＝雨と認識） ⑦降雨情報，浸水情報などのソフト対策
5. 合流式下水道の改善等の雨天時水質対策	①合流式下水道改善は採用192都市において概ね10年後を目途に，以下の当面の「改善目標の達成」を計画的に推進 　ⅰ）合流式下水道から排出されるBOD汚濁負荷量を分流式下水道以下に 　ⅱ）合流式下水道の全ての吐口において越流回数を半減 　ⅲ）全ての吐口で汚物等の夾雑物の流出防止対策を実施 ②閉鎖性水域におけるノンポイント対策実施 ③貯蓄・浸透による雨水の流出抑制を図り，雨水時下水の発生量を削減
6. 都市の水・緑環境整備	①地域に応じた水辺の共通目標の設定 ②下水道処理水の有効利用施設の整備 ③水路の開渠化，オープン水路の活用等による水辺の整備 ④処理場等施設空間を活用，水と緑のオープンスペースを創出 ⑤水辺の乏しい都市域，住民要望の強い地区等に重点化
7. ストックの有効活用・効率的管理	①管理用光ファイバーなど効率的管理のための投資促進 ②ストック（管渠空間，処理場など上部空間）の価値，機能等の客観的な評価手法の確立と有効活用の促進 ③利用者サービス向上のための施策充実（ディスポーザー導入等）
8. 施設の改築・更新・再構築	①計画的・効率的な改善・更新 ②適性維持管理の徹底による施設の延命化 ③都市再開発等に併せた効率的な再構築の実施（ビルビット対策等） ④所要の耐震化を施設の重要性を勘案して順次実施

論が継続されている。

1.2 統合的流域水マネジメント

1.2.1 人間活動と流域水環境

　環境とは,「人間または生物およびその生活体を取り巻き,一定の接触を行う外界であり,その生活に影響を与えるすべてのもの」である。大きくは宇宙や地球といったマクロな環境から,顕微鏡でしか認識できないような微生物を取り巻くミクロな環境まで,その空間的規模は大小さまざまである。したがって,その環境の規模に応じた環境保全計画の立案や対策の実施が必要になってくる。水問題は基本的には地域問題であるが,例えばライン川やドナウ川のような国際河川周辺で見られるような隣接国の国家間問題として取り扱われることもある。あるいは,黄河のように流域が非常に広大である場合には地球規模での自然現象に多大なる影響を及ぼすことから,また,問題にかかわる議論や研究が世界水パートナーシップ(GWP, Global Water Partnership)や世界水会議(WWC, World Water Council)などの国際組織を介することから,水問題は地球規模の問題として取り扱われることもある。現象面や制度面などから整理した水問題の概要は**表-1.2.1**のようにまとめられる[19]。

　水にかかわる問題は,① 地域性,② 連鎖性,③ 造水技術の先進性,④ コスト,⑤ 国際的注目度などの観点において特徴を有する。

① 　地域性:水資源賦存量や利水・排水方式は地域ごとに異なり,水量問題は地域の水供給と利水量のバランスの問題である。一方,水質問題は,かつての公害のような局所的な問題から,広範囲の土壌汚染・地下水汚染,面源汚染へと拡大している。世界的にかなりの地域で渇水や汚染が生じていることや安全な飲料水が保障されない地域がかなり広がっていることと,さらに,以下に述べる連鎖性という視点から地球規模での問題ともとらえることができる。逆に,連鎖性を利用して水不足を緩和することが可能になる。

② 　連鎖性:水不足の影響は連鎖的に広がり,その影響が重大であるという意味で地球規模の問題ともされる。例えば,ある食料輸出国が渇水で食糧生産を計画通り行えなかったときや,水不足ゆえに食糧生産が思うように行かな

表-1.2.1 水問題の諸相[19]

問題の側面	問題点	展開の方向性
1. 水文的問題	・異常気象による水資源残存量の減少と年変動の拡大，降雨強度の増大，洪水と渇水の頻発 ・空間的な水資源賦存量分布の分散	・状況に応じた水資源計画の見直し
2. 水量問題	・良好な水質が維持された飲料，食糧生産，産業活動用水の水源の不足 ・中近東，アフリカ，南アジアといった地勢学的な水不足地域	・灌漑の工夫（ドリップ灌漑，下水処理水の利用） ・地下水の効率的利用 ・流域における水利用計画と利用技術の両者を統合した対策
3. 水質問題	・閉鎖性水域の富栄養化問題 ・有機塩素系化合物や他の発がん物質・内分泌攪乱物質の放出，環境中での化学反応により生じる化学物質 ・過剰な施肥や農薬散布 ・水や土壌の酸性化 ・下水処理水放流口と上水道取水口の逆転 ・ミネラルウォーター消費量の増加	・下水の高度処理の導入，高度処理普及地域の拡大 ・点源対策の徹底 ・非点源汚染対策の開発 ・農業用水・排水の水質管理，施肥管理 ・水道の衛生学的安全性確保・リスク削減の努力 ・地域水施設に対する信頼度の維持・向上
4. 生態系	・水質に起因する生態系の劣化，遺伝子資源の喪失 ・ダム建設や河川の三面張りによる生態系の劣化 ・地下水の塩水化による農業生態系への影響	・適応的管理手法による水辺の整備など，保全生態学的アプローチ ・生態系保全度を定める指標や推定方法の開発 ・浸透水量と蒸発散量の適切な調整
5. 制度的課題	・水に関わる法制度の未整備 ・複数の水管理行政部局の存在による統合的マネジメントの困難性 ・慣行水利権の問題 ・国際河川の上下流関係による取水や汚染，国境線の通る河川を挟む取水・河川構造物の設置に纏わる紛争	・食料安全保障を含めた国家安全体制の根本的議論 ・国際的な統合的流域マネジメントの構築
6. 技術的問題	・水の再生利用技術に対する評価手法が未導入 ・飲料水の衛生学的安全性を保証する技術が不完全	・行政において具体的な評価手法の実用化 ・消毒技術の評価，清浄な水源の保全
7. 人間次元の問題	・水に係わる問題の大半は人間に係わるもの（ジェンダー問題，節水行動，最少の我慢解）	・水問題の人文社会科学的側面に関す研究の深化 ・意思決定のモデル化とシミュレーション
8. 物質が内包する水	・物質の貿易や国内輸送に伴う表面化しない水の利用	・地域的な問題から地球規模での水の影響の評価への拡張
9. 援助に係わる問題	・援助終了時以降の財政的，人的課題	・援助先の自立を促進する援助のあり方の検討，技術者育成支援 ・過剰な人口増加の抑制や政治の安定への誘導

かったとき，緊急に大量の輸入を実施した場合，周辺の食糧輸入国はただちに影響を受ける。我が国がそのような影響を受ける代表国である。また，発展途上国が生活水準の向上に伴い穀類の輸入を始めるようになると，そのための外貨を工業製品の輸出に頼ることになり，近隣諸国の産業が影響を受けることになる。

③　造水技術の先進性：いかなる質の水も，現在の技術でもって海水や汽水あるいは汚水からでもつくり出すことができる。ただし，エネルギーの消費と引き換えであるために地球環境負荷を増すし，コスト高にもなる。また，大気汚染物質や固形廃棄物量の増加も懸念される。とはいえ，人口減少期にある国においては，長寿命の施設を建設することで後年の一人当たりの負担が増加するため，渇水問題のピークしのぎとしての考え方が無い訳ではない。

④　コスト：先進国では，上下水道のコストは一人あたりの平均年収の数％程度あるいはそれ以下であるため，価格政策による節水はほとんど働かない。例えば，我が国の2005（平成17）年の1世帯あたりの消費支出（32.0万円）に占める上下水道料金（5.0千円）の負担割合は1.6％程度となっており，電気料金やガス料金の3分の1から2分の1程度である[20]。したがって，地球環境負荷の削減への経済的インセンティブも生じない。一方，開発途上国では，収入に対する比率が高いために安全な水の確保に対する負担は大きく，したがって，「新自由主義」や「小さな政府」といった世界規模での経済的・社会的な潮流の影響が非常に大きいといえる。

⑤　国際的注目度：地域性の高い水ではあるが，飲料水の安全性や量の確保は人道的問題であるがゆえに国際問題になりやすく，UNEP（国連環境計画，United Nations Environment Programme），WHO（世界保健機関，World Health Organization），WMO（世界気象機関，World Meteorological Organization），UNESCO（国連教育科学文化機関（ユネスコ），United Nations Educational, Scientific and Cultural Organization）などの国際機関が種々の計画やプロジェクトに関与している。

このような問題の解決には，従来のようなセクターごとの最適解の組み合わせではなく，統合型の解を求める必要があり，水問題にかかわるすべての関係者が少しずつ我慢する『最小我慢解』をいかに求めるかが正に課題となっている。制度の改革により住民全体の負担が減るのであるならば，既得権を何らかの手段によ

り補償しつつ改革していかなければ社会として無駄が累積することになる。

1.2.2 流域水マネジメントの定義とその目標像

このような水問題を解決しようとする際の基本的な概念となるものが統合的流域水マネジメントである。

まず，流域とは，降雨や降雪が河川に流入する全地域を表し，分水嶺を境界とする河川の自然集水区域を意味している。水循環・水環境の観点での種々の計画づくりの基本単位は流域である。なぜなら，行政単位が流域よりも小さいことが多く，あるいは，流域と一致していないことから，流域単位での水マネジメントが必要となるためである。一方で，対象とする流域は他地域と物質的に独立しているわけではないことから，流域を越えてさらに対象空間を拡大しなければならない場合もある。

次に，流域水マネジメントとは，流域の陸域・受水域における流水，貯留水，水利用をはじめ水がかかわる事象を量的・質的に制御し，社会の要求を最も満足させるように管理することと定義される。「水環境への負荷を最小」にし，「社会的な便益を最大」に，「被害を最小」にするように水運用，水質管理，生態系・環境保全を如何に実施していくかが，流域生活圏の将来の持続性にかかわる重要な課題である。したがって，流域水マネジメントの目標像は，「自然の水循環系と人工の水循環系を組み合わせ，流域における水資源管理，洪水制御，水の利用・循環管理，水質・生態系保全を社会的公正さを損なうことなく実施し，結果として，持続可能で社会的・環境的に最小の被害，最大の便益をもたらすように実施すること」である。流域ごとに自然条件や社会条件は大きく異なるので，具体的な目標やそのための管理手法は流域ごとに自ずと異なるが，自然の水循環にできる限り少ない人工的な循環を加えて必要水量を補うこと，および，他地域に及ぼす効果をも考慮して最小の被害，最大の便益にすることが持続性からみた水マネジメントの鍵であることは共通している。自然の水循環系と人工の水循環系を効率よく組み合わせるには，当然，地域計画段階から考慮しなければならない。

流域水マネジメントの目標の達成度を評価するには具体的な指標が必要であり，そのような指標があることにより，はじめて合理性のある計画の実施が可能となり，さらには，社会的公正さの担保の可能性を高めることになる。**表-1.2.2**にまとめたように，その指標には，① 費用，② 水量・水質にかかる便益・リス

表-1.2.2　流域水マネジメントの評価指標

項目	内容
1. 費用	○経済的合理性を明らかにする際に欠かせない指標 ●生態系の保全の様に貨幣価値で表現できないものもあることに注意が必要 ●地域により生活水準が異なるので絶対的価格で各地の価値を比較できない ●先進国では，上下水道の場合，生活費に占める比率が低く，節約のインセンティブとして働きにくい
2. 水量・水質にかかる便益・リスク・公平性	○量的には，水道では利水安全度，河川では洪水の危険率や低・渇水時の維持流量 ○水質では，飲料水や水浴時の安全性，健康リスク，生態系への影響，富栄養度 ○被害は負の便益として，便益は負のリスクとして考慮 ●現状を基準として判断するため，開発途上国においては便益を，先進国ではリスクを求めることが多くなる ●水田の治水機能のように内部化されないものの表現方法は今後の課題 ○一部の犠牲により多数が便益を得る場合の公平性の確保は安定した持続性のある社会をつくるために不可欠
3. エネルギー消費率・環境負荷率	○温室効果ガスの生成率とエネルギー消費率に分かれる ○エネルギーを加えれば，海水や汚水から高質の水を高速に造ることが可能であるので重要な因子 ●初期投資の大きい施設では費用とエネルギー消費率との相関が必ずしも高くない ○流体を連続的に圧力輸送するシステムでは相関が高い
4. 快適性	●便益の一種であるが，水辺環境が与える心の安らぎ，散歩できる空間の確保，水質の良さなどは経済的に評価が困難 ●意思決定の段階での印象的判断によるところが大きい
5. 生態系への影響度	○代表種を定めてその保全度より判断 ●代表種・上位種・貴重種など便宜的な指標により生態系の保全度を実務的には判断しており，真の価値は不明で適宜判断されているのが実情 ●データの集積により評価手法が変わる可能性があり
6. システム制御性	○流域を統合的に管理する際の制御性 ○redundancy（冗長性）やrobustness（ロバスト性，頑健性）もシステムとして重要な因子 ●流域では，実際にどの程度の時間遅れで全域を制御できるかが課題 ●人的要素を管理要素に含む場合，実時間制御は実質上不可能 ●システム構成や時間遅れの度合い等の課題が山積しており，流域水マネジメントの制御構造は従来と全く異なる発想に立脚したものとなる可能性が高い ○行政の効率性もシステム制御に含まれる
7. 情報公開	○住民の意思決定やインセンティブを与えて事業を率先的に実施してもらうために不可欠な指標 ●情報の公開だけでなく，双方向伝達性も必要

ク・公平性，③ エネルギー消費率・環境負荷率，④ 快適性，⑤ 生態系への影響度，⑥ システム制御性，⑦ 情報公開率などの項目が考えられる．

　水環境・循環にかかわる諸問題については本章の1.1.3項「水環境・循環の現状」で述べた．昨今の水資源の量的不足に拍車をかけているのが，近年の全国的な少雨傾向と年単位の降水量の変動の増大である．また，古くからの慣行水利権と許可水利権の共存が低水時や渇水時の河川の水量管理を容易でなくしている．ダムの新規建設の難航も水資源の量的不足に少なからず影響している．それに加えて，流域における都市用水需要量の増大がその逼迫度をより高めている．都市における地表面の浸透率の低下や，上水道の完備と下水道の普及は都市内河川の水量を減じ，しかも，使用後の排水は周辺生活環境や閉鎖性水域，沿岸域の水質汚濁を引き起こしている．一方，農業も施肥の増大により地下水の硝酸汚染を招き，受水域の富栄養化の一因となっている．さらに，陸域の汚染物質や病原物質は降雨流出に伴って受水域へと輸送され，水質汚染の一因となっている．このように，流域は内部に加害者と被害者を近接して抱え環境に影響を与え続けているし，上流（水源）と下流（受水域）という地形的な圧力関係の構図も存在している．このような複雑な問題を抱えているものの，現在の行政方式では水にかかわる管理主体は一元化されておらず，地下水のように未定のものもある．このため全体を俯瞰した統合的管理は現時点では不可能となっている．

　これからは，**表-1.2.2**に示すような評価指標を用いて，流域単位で，水源の選択，水の循環利用と量的確保，受水域の水質管理をきめ細やかに図っていくことが求められている．ハード技術の駆使により水不足は避けることはできるが，その結果，社会の高負担，地球環境への高負荷，再生不可能資源の消費を招くことになり，持続可能な方法とはなり得ない．したがって，水の管理を本質論から見直し，制度および技術を合わせて水管理の最適解ないしは『最少我慢解』を求める方法とその実施方法などについて検討し，水問題解決に資することが今求められている．すでに行政においても各管理主体毎，および，複数の管理主体間の相互検討もなされ始めている．また，「流域圏プランニング」や「流域圏・水循環再生」といった視座が議論されるようになってきた[21]．

1.2.3 水循環再生への流域水マネジメント的アプローチ

　近年，年単位の降水量変動の増大の結果，大量の水を消費している都市域，と

くに，京都市や松山市，福岡市などでは2～3年に一度程度渇水に見舞われている。これらの都市では，渇水を避けるために新たな水源開発などの各種の対策が求められているが，根本的な解決には至っていない。統合的な流域水マネジメントには画一的な手法は無く，流域の自然条件や社会条件といった特性と地域が抱える問題に応じて，その対応策を変えていく必要がある。ここでは，福岡都市圏を抱える博多湾流域(**図-1.2.1**)の流域水マネジメントについて，LCE(Life Cycle Energy)と費用を指標とした水供給方法に関する研究[22),23)]，および，福岡市が2006(平成18)年に策定した「福岡市水循環型都市づくり基本構想」[24)]を例として取り上げる。

博多湾流域は都市の開発と人口増加のために水の需要も年々増加傾向にある。一方，流域面積(約690 km^2)が比較的狭く，一人当たりの降水量も北部九州の半分程度しかなく，すでに流域外の筑後川から水需要量の3分の1程度(日量約20万m^3)を導水している。それゆえ，博多湾流域では，水資源確保の抜本的対策として海水淡水化施設の導入が検討され，2005(平成17)年から福岡地区水道企業団(8市9町企業団で構成)により海水淡水化センターの供用が開始された。福岡都市圏へ日最大5万m^3(そのうちの約3分の1が福岡市受水分)の水道水の供給が行われている。しかし，海水淡水化施設は水不足の問題をエネルギーと費用の問題に置き換えて解決しようとするものである。本質的に他の水資源確保に比べ

図-1.2.1 福岡都市圏(博多湾流域)と博多湾

て環境負荷が大きいといわざるを得ず，コストも含めた現状の技術水準においては，地球環境保全の観点からは可能な限り避けたい対策である。

流域水マネジメントを行うためには，雨水浸透率，汚濁物質の環境負荷量，河川流況および水質，地下水位，水質変換施設(地域水施設)の位置，水利用量分布など，流域内の各地点ごとの状況を詳しく把握する必要がある．嚴ら[22),23)]は博多湾流域の水資源の空間把握のために，GIS(地理情報システム，Geographic Information System)手法で流域の空間データを分析し，流域の水資源環境のデータベースを構築している．評価指標として費用とLCEを利用して流域の水利用形態を検討している．平常時と渇水時の対策として，既存の水道水以外に，カスケード式節水(ある用途に使用した水をそのまま他の用途(例えばトイレ洗浄水などの低水質用途)に使用する水利用合理化手法)，および，地下水，再生水(排水に適当な処理を行って水質を改善してふたたび使用する手法)，海水淡水化水を含む水資源確保手段シナリオを立案し，それらの最適な選択方法について提案している．**表-1.2.3**にLCEと費用の算定結果を，また，**図-1.2.2**に水資源供給形態と水の流れを示した．

嚴らは，GISを基本データの整理に利用した流域水マネジメント手法の一例を以下のように例示している．

① 代替水源：上水以外の水源はその質と量において異なる特徴を有しており，渇水などに利用するためには，その質と量に合わせた水資源確保計画が必要である．地下水の場合，比較的安定した水質で，降雨形態によって揚水量を変えざるを得ないが，費用最少とLCE最少の面からは最も有効な水源

表-1.2.3　LCEと費用の計算結果の一例[22)]

(コストは1990年換算．上・下水道のコストは福岡市全体での値)

供給方法	LCE (kcal/m^3)			コスト (円/m^3)			処理能力 (m^3/日)
	建設	運用	合計	建設	運用	合計	
浅井戸	96	511	607	18	5	23	48
下水道	568	1 258	1 826	152	75	557	12万
上水道	1 407	1 299	2 706	108	106	214	5万～10万
再生水 (広域循環)	1 120	4 453	5 573	377	173	550	4 500
再生水 (個別循環)	648	7 254	7 902	126	250	376	658
海水淡水化	1 540	12 978	12 518	384	216	600	4万

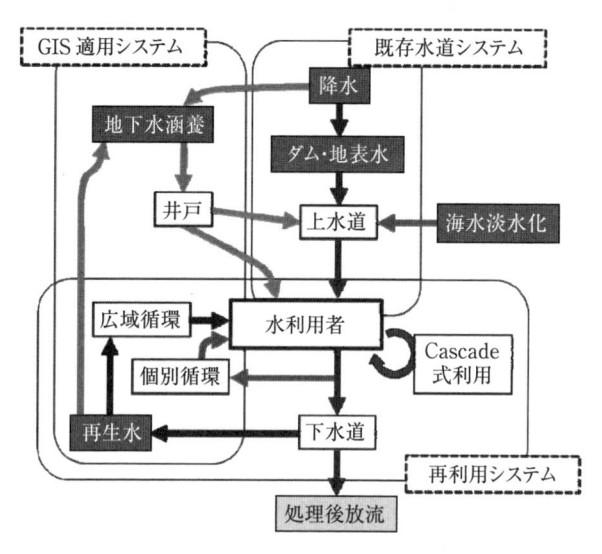

図-1.2.2 水資源供給形態と水の流れ [22]

である。施設の運用部分でのエネルギー消費量やコストもあまり必要としないため、環境負荷の少ない対策であるといえる。用途の面から検討しても、飲み水以外のほとんどの用途にそのまま利用できるため、積極的な開発が望まれる。博多湾流域では、地下水は、砂層で地盤沈下の心配のない良好な水源の一つである。平常時には、地下水利用によりダムの水道用水の貯水量を保つ役割を持たせることができる。さらに、渇水時には、地下水は非常水源として位置づけられる。

博多湾流域では、全国に先駆けて水の循環利用に取り組んでいるが、実際には、用途が限られるため、その使用量は日量1万 m^3 を若干上回る程度に止まっている。利用可能量は少ないものの、上水と海水淡水化の間の中間の費用とLCEを示している。処理率をより上げれば上水並みの質的レベルまで浄化可能であるが、その場合には、費用とLCEがより高くなる可能性がある。ここに例示する対策だけでは、我慢ないしは節水しない限り、海水淡水化を導入せざるを得ない。しかし、この方策は最もLCEが高く、新たな環境問題を起こす可能性がある。したがって、未検討の水源や施設について新たに検討する必要があろう。また、最大渇水期の需要に合わせ施設容量を備えれば備えるほど、その分LCEと費用は高くならざるを得ない。これら

のことを勘案すると，水利権の問題はあるが，広域水資源対策として遠賀川など他の流域からの新たな導水を検討する必要がある．すでに，筑後川導水を実施している福岡都市圏の水道水のLCEと費用が海水淡水化に比べかなり低くなっていることからも，長期的な安定的水供給には有利になると思われる．ただし，流域外導水に伴い，導水する流域の環境への影響を考慮しなければならない．

② 利水安全度から見た方策：渇水期間において，水道水だけで需要を賄える期間は少ない．渇水期間中に平常時の需要量を賄うためには，検討した対策をすべて導入したとしても，水不足が生じる．供給量だけを考慮し，効果の大きい対策の順で導入を進めるとするならば，カスケード式節水が最も有効で，井戸水と海水淡水化がそれに続くことになる．安定供給の点では，地下水は供給可能量の変動が大きく，用途も制限される．上水供給量を常に維持できるようにするためならば，安定した供給が可能な海水淡水化の導入もやむを得ない．

代替水源の導入によりダム取水量を削減し，ダム貯水量を増やして渇水期間を減らすことも可能であるが，渇水発生後の維持期間の予測が困難であり，いくつかの選択肢を選ばざるを得なくなる．例えば，渇水の初期には，平常時の使用量まで代替水源から補給しつつその余剰分をダムに回したり，あるいは，節水を厳しく実施して余分の代替水源のすべてをダムに回すことで渇水期間を短くする方法も考えられる．その際，「現状の生活の質を優先」するのか，「未来のために現在は我慢」するのかを選択しなければならない．

渇水に見舞われたことのある地域では，平常時の水源の利用形態が渇水にも影響を及ぼすため，渇水に備えた平常時の水管理が必要である．海水淡水化施設など渇水時のための施設であっても，その施設の建設費用とエネルギーは日頃の水源利用費に含めざるを得ず，渇水時の対応が平常時の費用に及ぶことになる．

③ 省エネルギー型施設の整備：LCEで各水供給方法を評価した場合，当然，運用で電力を大量消費する施設の値が大きくなる．この運用部分のエネルギーを抑えた省エネルギー型の施設を整備することも必要である．また，各施設の規模によって単位水量あたりのLCEやコストが変化するので，これらのことも考慮に入れ，最適な規模の施設で運用できるように検討すること

が必要である。

一方，福岡市は，福岡都市圏の社会特性と自然特性を表-1.2.4に示すように，また，水環境・水循環にかかわる問題を以下のように整理している[24]。① 都市化による人口の集中に伴って宅地化・市街地化したことにより，水の貯留・浸透機能を持つ森林や水田が減少し，結果として，降雨が短時間に河川や海域へと流出する浸透機能に乏しい土地利用が拡大した。そのため，近年の集中豪雨により，1999（平成11）年や2003（平成15）年には大規模な浸水被害が発生した。② 1978（昭和53）年の大渇水以降，ダム建設等による水資源開発や節水を行ってきた。それにもかかわらず，1994（平成6）年の列島渇水をはじめとしてその後もしばしば水不足が発生している。③ 天神や博多駅地区などの中心部では地表面の多くが被覆化されたことにより，夜間においても気温が下がらず，ヒートアイランド現象が発生している。④ 水需要量や生活排水量の増大，人と水とのかかわりの希薄化などにより，河川の水量および水質，親水性などの水環境や生態系の変化も問題となっている。

自然の水循環と人工的な水循環は不可分であり，相互にかつ連続的に作用しあっている。したがって，都市の発展に伴い，自然および人工的な水循環の連続し

表-1.2.4 福岡市を中心とした福岡都市圏の社会特性と自然特性[25]

社会特性	土地利用	・森林や水田の減少，市街地や住宅地といった不浸透域の拡大 ・浸透量の減少
	上水道	・水需要の拡大 ・流域外からの水道水の導入 ・市民・事業者の節水意識は高い
	下水道	・下水道整備はほぼ完了 ・下水処理量の増加 ・河川水質は改善傾向
自然特性	河川	・河川延長が短い ・河川勾配が急
	海域（博多湾）	・閉鎖性海域である
	溜池	・全域に溜池が点在している
	地質	・地下水帯水層の規模が小さい
	気象	・少雨年が頻発する傾向 ・近年，時間雨量80 mmを超える集中豪雨が発生

た流れの中で局所的に過度な負荷を強いたことにより,本来の水循環のバランスにひずみが生じたことが,これまでの水循環系にかかわる問題の1つの要因であること,ゆえに,水循環全体を俯瞰してその連続性やバランスを考慮した総合的な施策が必要であることを指摘している。福岡市は,2003(平成15)年制定の「福岡市(新)基本計画」を上位計画とし,行政・市民・事業者が協働して"人と水にやさしい潤いの都市づくり"を行っていく「水循環型都市づくり基本構想」を策定している。この基本構想の目標として「浸水・渇水に強い安全で快適な都市づくり」,「清らかな川の流れ,美しい海がある都市づくり」,「人々に潤いと安らぎを与え,快適な水辺空間のある都市づくり」を掲げている。また,これらの目標を達成するための施策の方針として「浸透域の確保および浸透機能の向上」,「水の有効利用」,「水質の保全・向上」,「水辺環境の向上」,「都市の緑化」の5つを挙げている(**表-1.2.5**)。

地域特性に配慮するために福岡市を自然域・宅地域・中心域などのいくつかのブ

表-1.2.5 福岡市の水循環型都市づくりに向けた施策方針 [25]

目　標	施策の方針	施策群
浸水・渇水に強い安全で快適な都市づくり	浸透域の確保および浸透機能の向上	雨水浸透・貯留施設の導入(雨水浸透施設の設置推進,道路への透水性舗装などの導入)
		森林,溜池の保水・遊水機能の保全(水源涵養林事業,雨水貯留施設整備事業など)
		自然環境や農地,緑地の保全
	水の有効利用	雨水の有効利用推進
		下水処理水の再利用促進(雑用水道,河川維持用水,せせらぎ用水,修景用水など)
		節水施策の推進(節水型機器の使用奨励,節水意識の啓発・環境教育)
清らかな川の流れ,美しい海がある都市づくり	水質の保全・向上	河川・海域への汚濁負荷の削減,(汚濁負荷削減,合流式下水道の改善,下水の高度処理の推進,面源負荷対策)
		市街地,河川・海域の清掃(市民やNPOとの連携)
人々に潤いと安らぎを与え,快適な水辺空間のある都市づくり	水辺環境の向上	河川,溜池などにおける人や生態系,景観に配慮した水辺の整備事業
		人と水との係わりを深めるための施策の推進(水文化の継承など)
	都市の緑化	緑化の推進(屋上緑化,公共空間の緑化推進)

ロックに区分して行政・市民・事業者それぞれの役割分担を明確化し，さらに，国や福岡県，周辺の関係自治体との連携を図りつつ施策を実施していくことを基本構想に謳っている。周辺自治体との協議会としては，福岡都市圏首長で構成された広域行政推進協議会や御笠川改修事業推進協議会，多々良川水系改修事業促進協議会などが組織されている。

1.2.4 流域水マネジメントシステムの構築に向けて

　水にかかわる問題は，わが国では行政区単位よりも，流域単位で取り扱う方がより容易に解決されることが多い。ただし，流域内には多種多様な水利用形態や水環境があるために流域ごとに個性があり，全国一律の画一的な流域水マネジメント手法は無く，マニュアル化は困難であり，流域の自然条件や社会条件といった特性と地域が抱える問題に応じて，その対応策も自ずと変わってくる。さらに，対象とする流域は他流域から物質的・社会的に完全に独立している訳ではなく，例えば流域外導水などのように，流域を越えてさらに対象空間を拡大し考慮しなければ解答が得られないものがあることも確かである。

　流域水マネジメントの研究は概念と要素にかかわるものから構成されている。この概念はかなり議論されており，一方，個々の要素研究も進展している。水循環に関係する学問は発展にしたがい細分化され，気象学・水文学・水資源工学・河川工学・地下水学・上水道学・下水道学・農業工学・林学・生態学・毒性学・微生物学・危機管理学・環境管理学などからなる。流域水マネジメント研究の統合化が遅れている理由には，我が国においては総合的な水管理の法制がないために分割された水行政となっているといった行政上の問題に加えて，研究成果を統合する際の手法や解を得るための手法を確立することが困難なこと，得られた最適解あるいは『最小我慢解』の実現化手法が発展途上にあること，解析に必要なデータがまだまだ不足していることなどが挙げられる。不確実で複雑な対象である環境と人間との間に人工的な装置・施設や社会的仕組みを介在させることによって，人間にとって快適であり，なおかつ，環境それ自身の持続性が確保されるような構図を描くためにはシステム論が欠かせない。行政手法・モニタリング手法・フィードバック手法など開発すべき課題が未だに多いが，例えば，「ナレッジマイニングシステム（Knowledge Mining System：知識・経験の発見的掘り起こし）」といったシステム開発が行われようとしている[25]。これは，洪水・渇水・水質といった

水関連の課題を抱える複数の流域から得られた個別の知見を集積し，他の流域での水管理政策の立案に役立つように整理したシステムを指している。多くの事例から水問題解決のための参考事例や知恵を政策立案にかかわる人が発掘することができるようなシステム開発を目指している。

流域水マネジメントにかかわる研究の課題としては，

① 水循環の現象調査・解析
② 水資源の確保と合理的な配分方法の検討
③ 水にかかわる技術開発
　ⅰ) 高安全性・低環境負荷・低コストの水処理技術の開発
　ⅱ) 環境中における微量汚染物質・栄養塩の制御技術の開発
　ⅲ) 高安全性・低環境負荷・低コストの水質環境保全のための技術開発
　ⅳ) 水辺生態系保全のための調査と応用生態工学的手法の開発
④ リスク低減技術の開発
　ⅰ) 健康リスク削減技術の開発
　ⅱ) 生態系リスク削減技術の開発
⑤ 流域水マネジメント手法の開発

といったものが挙げられる。これらの内，水処理技術やリスク低減化技術の開発に関連して，次節では，「地域水施設による水環境保全と水環境再生」について述べる。人工系水循環システムの持続性のための地域水施設といった社会基盤施設を継続的に維持・管理し，新規事業展開を図るためには，もっとも主要な要因は納税者・社会的費用負担者の信頼度であることが指摘されている[26]。流域水マネジメントシステムはハード的・ソフト的に構築・運営されねばならないが，流域内の利水者・水質汚濁者・社会的費用負担者の合意の下で最終意思決定がなされることが理想である。マンション構造設計書の偽装事件や相次ぐ原子力発電所の事故等の情報隠しといったことから間接的に想起されるように，また，水との関連で直接的には，ミネラルウォーターの市場規模がこの10年間で10倍以上にも拡大した事実などから，納税者や社会的費用負担者の信頼がいったん失われることになれば水処理技術の開発，地域水施設の維持管理，そして，新たな事業の展開は頓挫することになろう。船水[26]は，納税者の信頼を損なうおそれのあることがらとして予想されるキーワードとして，「内水氾濫頻度の増加」，「渇水の発生頻度の増加」，「水系伝染病発生頻度の増加」，「発がん性・遺伝毒性等の長期曝露に伴

う疾病」，「流域における絶滅危惧種」を挙げている。

　中国の黄河流域の水マネジメントに関する研究を通して，日本国内では予測もできない問題が指摘されている[27]。流域における水資源の配分を解析するためには，降雨・降雪特性，流出特性，取水状況，水資源利用形態，使用水の排出状況，排出水の処理状況，排出先河川の水質，水資源の利用による生活への安全性・便益・快適性の提供，産業における収益や雇用等について検討する必要がある。この検討に際し，中国では解決すべき課題として，① 年間平均値のような加工されたデータは公開されているものの，水量・水質の元（生）データが一般に公開されていないこと，② 標高の詳しい地図が公開されていないこと，③ 現地観測を自由に行えないこと，④ 国家政策が強く打ち出されるために，自由主義国家の従来の経験則を単純には適用できないこと等を挙げている。

　虫明は，流域の共同体意識の醸成や流域ごとの問題意識の共有の重要さを指摘している[28]。水問題は流域という広がりの中での因果関係が深いものが多いことから，それらの問題解決に向けて「流域の共同体意識」，すなわち，上流から下流のみならず下流（受水域）から上流（水源）への意識，自らの行動がもたらす結果への意識を持つことの重要性を強調している。また，かつては流域内の水系が船運として活発に利用され，流域が1つの経済圏，さらには，文化圏を形成していたことから，流域の水循環系の健全化の概念を基に社会・経済・文化的な圏域としての流域圏，つまり，流域共同体を復権できる可能性を示唆している。流域の水循環系の健全化が最終のゴールではなく，「地域の福祉と安全」を向上させることが最終目的である，としている。さらに，多様な利害がぶつかり合うことから，それをどのように調整するかというメカニズムの開発の上で非常に重要なこととして，公平で協働的に，それぞれの分野の利害をよく理解し，真に力を持った調整役が日本の水行政の場に欠けていることを指摘している。いわゆる「矢作川方式」（矢作川水質保全協議会）といった例を除けば，現状の協議会方式は任意の議論の場であり，そこでの決定にある種の拘束力を持たせるという仕組みにも欠けている。

　最後に，住民の意思決定や事業実施のためには情報公開は欠かせないし，それに加えて，双方向伝達も必要である。これには，近年，土壌汚染浄化対策の場などで取り上げられるリスクコミュニケーション（Risk Communication）という概念が参考になる[29],[30]。

1.3 地域水施設による水環境保全と水環境再生

1.3.1 水処理技術による水質変換

　水処理とは水が持っている質を改善する操作であり，さまざまな性質を持つ水を使用目的に合致する性質の水に変換することである。① 浄水処理(水道水の精製)，② 生活排水や工業排水の処理，③ 収集し尿の処理，④ 廃棄物埋立処分場滲出液の処理，⑤ 排水再利用のための処理，⑥ 環境中の水の直接的処理，などが水処理の例として挙げられる。水環境を保全し，統合的な流域水マネジメントを行っていく上で，浄水処理による安全で安定した飲料水の供給や，生活・産業活動の結果として生じる汚水の処理は必須である。人口が集中する都市域においては慢性的な水不足を解消するための一手段として下水処理水の再利用が考えられるが，循環水資源として利用するための水処理が必要である。また，河川や水路の水を直接的に浄化することも水処理の一つである。

　上水道で供給される水は水道法に基づく水道水質基準に適合していなければならない。人体に有害な物質あるいは病原体を含まず，また，消毒による臭味を除き，異常な臭味の無い無色透明な水質に転換する必要がある。浄水方法は，① 消毒のみの方式，② 緩速ろ過方式，③ 急速ろ過方式，④ 膜ろ過方式に分類される。原水の水質に応じて，活性炭処理やオゾン処理などの高度浄水処理が付加される場合もある。"近代"水道は，基本的には，2つの重要な単位操作により構成されている。1つは「消毒」であり，もう1つは「砂ろ過」である。消毒には，配水や給水途中での水質汚染・病原微生物汚染に配慮して，残留性のある塩素を消毒剤として用いている。消毒のみによる方式は，地下水のような比較的良好な水質を原水とする場合に利用され，基本的には塩素注入井のみで構成される。ただし，塩素耐性の原虫であるクリプトスポリジウムが原水に含まれないように，原水水質の監視・管理が必要である。比較的清澄な水源からの原水に適する緩速ろ過方式では，沈殿処理の後に緩速ろ過し，消毒を施す。この方式では，物理的なろ過作用に加えて，緩速ろ過層内の砂層表面に増殖した微生物群によって水中の不純物を生物学的に酸化分解する。原水水質が相対的に劣る場合にも適用可能な急速ろ過方式は現在の我が国の浄水処理の主流である。凝集剤を添加して凝集・

沈殿処理した後，急速ろ過し，消毒を施す。凝集・沈殿処理により除去できなかった微粒子は急速ろ過層内の砂層により物理・化学的に分離・除去される。緩速ろ過方式に比べ，急速ろ過方式では相対的に狭い面積で大量の浄水処理が可能である。

膜ろ過方式は，新しい浄水技術として大きな注目を集めている。膜の種類はいくつかあるものの，基本的には，物理的ふるい分けと電気化学的な力によって水中の各種の汚染物質を除去することができる。微細孔によって1〜10Åの低分子溶質を分離可能な逆浸透(RO)膜が主流であり，海水の淡水化などに適用されている。都市部でのビルの冷却用水あるいは工業用水として，地下水からの不純物除去を行う例も見られるようになってきた。

また，下水処理水の再利用の際に膜処理技術が適用されることもある。例えば，九州大学の新キャンパス(伊都地区)内の再生水処理施設では，トイレ以外のすべての排水を図-1.3.1に示すようなRO膜ユニットで処理している。RO膜透過水は飲料や厨房以外の実験用水等の用途に用い，水道水利用の節約を図るとともに，学外への下水の排出量を抑制している。一方，塩類が濃縮されたRO膜濃縮水はトイレのフラッシュ用水として利用され，濃縮水とし尿のみが学外の下水道へと排除されている。

下水処理の主役をなす単位操作は生物学的な浄化であり，一般的には，活性汚

図-1.3.1 下水処理水の再利用のためのRO膜処理

泥法が用いられている。活性汚泥とは，高い有機物分解能を持つ好気性細菌を主体として，原生動物や後生動物が加わった泥状の微生物集塊のことであり，下水の浄化を担うこういった微生物群がミクロな生態系を構成している。「自然の浄化作用」の多くの部分は微生物が担っている。例えば，1gの土壌中には1000万から1億匹の微生物がいて，枯れ葉や生物遺体の分解など，地球上の物質循環やエネルギー転換に非常に大きな役割を果たしている。さらに，そういった微生物の持つ能力は環境浄化や有用物質・枯渇資源の生産・再生産に積極的に利用されている。表-1.3.1に示すように，実にさまざまな場面で微生物の能力が応用されていることがわかる[31]。微生物の持つ能力には，『呼吸』や『発酵』，『光合成』あるいは『同化』といったものがある。これらは，本来，微生物が生きていくために備えている能力や機能に過ぎないが，それらを人間が積極的に環境浄化に応用している。

下水処理の目的は，まず，水中の固形物を除去（一次処理，図-1.3.2）することである。さらに，下水中の有機物を除去することが非常に重要な第2番目の目的

表-1.3.1 微生物を利用した環境浄化技術

【環境浄化関連技術】
・下水・廃水の浄化（有機物やリン，窒素の除去），バイオトイレ
・汚染土壌・地下水の浄化（バイオレメディエーション，水銀等の重金属の除去，PCBなどの揮発性有機塩素化合物の分解・除去，石油汚染の浄化）
・その他有害汚染物質の分解除去（内分泌攪乱物質，農薬等）
・大気の浄化（悪臭物質の分解，排ガス中の窒素酸化物の除去）
・有害微生物の生物学的防除（アオコや赤潮の防除）
・微生物の炭酸固定による地球温暖化防止
【環境分析技術】
・バイオエコモニタリング（環境リポーター微生物，抗原抗体反応，遺伝子分析法）
・微生物センサ（呼吸活性検知型など）
【廃棄物・副産物の有効利用，有価物回収技術】
・余剰汚泥の嫌気性消化（下水処理余剰汚泥のメタン発酵），コンポスト化
・バイオマス発電（生ゴミや生物遺体といった有機物からのバイオガス回収）
・バクテリアリーチング（通常の採掘・採鉱廃水処理で不可能な微量鉱物の回収）
・生物的水素生成
・活性汚泥による下水からのリン回収
・生分解性プラスチックの生産

注）参考文献31）などから作表

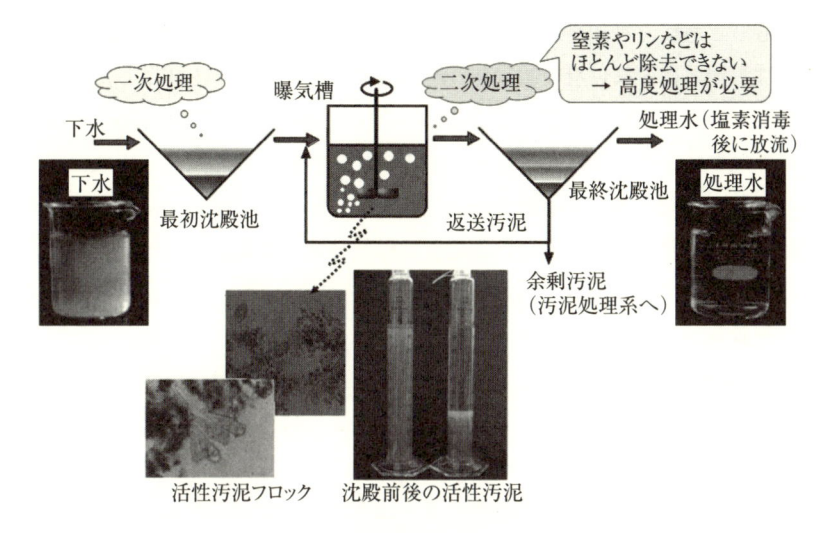

図-1.3.2　活性汚泥法による下水処理の原理

である（二次処理）。なぜなら，有機物が処理されずに，「自然の浄化作用」を越えるほどに河川や湖沼・海域に放流されると，そこに棲む微生物が『呼吸』を行うために，酸素が急激に消費されてしまうためである。このように酸素濃度の低下した水を貧酸素水塊と呼ぶが，そういった水域では魚や底生生物が棲息できず，急激に水質が悪化していく。さらに，最近ではリンや窒素の除去といった高度排水処理も必要になりつつある。本来，水中にはこういった成分はあまり存在していないが，下水中の窒素やリンが未処理で放流されると（人間の生活や産業活動に伴い水域の有機物や窒素・リン濃度が高まる現象を人為的「富栄養化」と呼ぶ），その結果，**図-1.1.7**に示したように，あまりに過剰に植物が繁茂したり，植物性プランクトン（『光合成』を行う微生物）が水面を緑青色（アオコ）や赤褐色（赤潮）に染める場合がる。やがて植物や植物性プランクトンが枯死すると，それらの有機物塊を『呼吸』により分解する微生物が過剰に酸素を利用するため，前述の「貧酸素水塊」が形成されることになる（**図-1.1.6**）。博多湾（**図-1.2.1**）などにおいても，近年，赤潮や貧酸素水塊の発生が報告されるようになってきた。

　未処理の下水が水環境に排出されると，自然界中の微生物は酸素を消費しつつ有機物を分解（『呼吸』）し，水環境中の酸素が枯渇する場合もある。逆説的であるが，このような自然の有機物の除去作用を積極的に利用した方法が，現在，下水

処理にもっとも広く利用されている活性汚泥法である。その原理を図-1.3.2に示す。活性汚泥とは，高い有機物分解（『呼吸』）能を持つ細菌を主体とした泥状の微生物集塊である。活性汚泥は，数百μm～数mm程度のフロック（floc）と呼ばれる綿状の微生物集塊を形成するため，水中で比較的容易に沈殿し，下水処理水から分離される。曝気槽（aeration tank）は，微生物（活性汚泥）による有機物の分解（『呼吸』）に必要な酸素を大量に供給する曝気装置を備えた処理槽で，一方，最終沈殿池は下水処理水から活性汚泥フロックを沈殿・分離させる役割を担っている。最終沈殿池で沈殿した活性汚泥の一部は，これも微生物の働きで分解処理（『発酵』が一部応用されている）するために搬出され，残りは曝気槽に返送されふたたび何度も循環利用されることになる。このように，微生物による下水処理法である活性汚泥法は，「自然の浄化作用」を人為的にスピードアップさせた方法に過ぎない。ヒトをはじめとする動物が日々生きていくために行っている『呼吸』と何ら変わりない原理が応用されている。

　通常の活性汚泥法では有機物は非常に高効率に除去されるものの，一方，窒素やリンはほとんど除去されない。窒素やリンが除去されていない下水処理水が湖沼や内湾に放流されると，水域が富栄養な状態となり，光エネルギーを利用した植物や植物性プランクトンの『光合成』（有機物の合成）が過剰に進行する。やがて枯死し，過剰に有機物が底層に沈降した場合，微生物の呼吸により酸素が消費し尽くされて「貧酸素水塊」が形成され，生態系に大きな影響を及ぼす。したがって，現在，主に行われている下水中の有機物の除去は非常に重要ではあるが，今後は，下水中の窒素やリンも除去できるより一層高度な下水処理が求められている。下水中の窒素やリンの除去には，ヒトや動物の行っている『呼吸』とは異なる特殊な呼吸形式が応用されたり，細胞内の貯蔵物質の生成（『同化』と呼ぶ）が応用されている。図-1.3.3に示すような，ある種の微生物（硝化菌や脱窒細菌，脱リン細菌）が持つ特殊な機能（特殊な『呼吸』や『同化』）が巧みに応用されて，窒素やリンの生物学的除去が達成される。とくに，脱窒性脱リン細菌と呼ばれる特殊な細菌は，下水からリンと窒素を同時に除去できるために高度下水処理の分野では最近注目を集めている[32]。また，従来の手法とまったく異なり，有機物も酸素もまったく必要としないANAMMOX（ANaerobic AMMonium OXidation）と呼ばれる生物学的窒素除去手法も大きな注目を集めている[33]。排水中のアンモニア性窒素を亜硝酸（NO_2^-）で無酸素的に酸化（特殊な『呼吸』）する新規の微生物学的

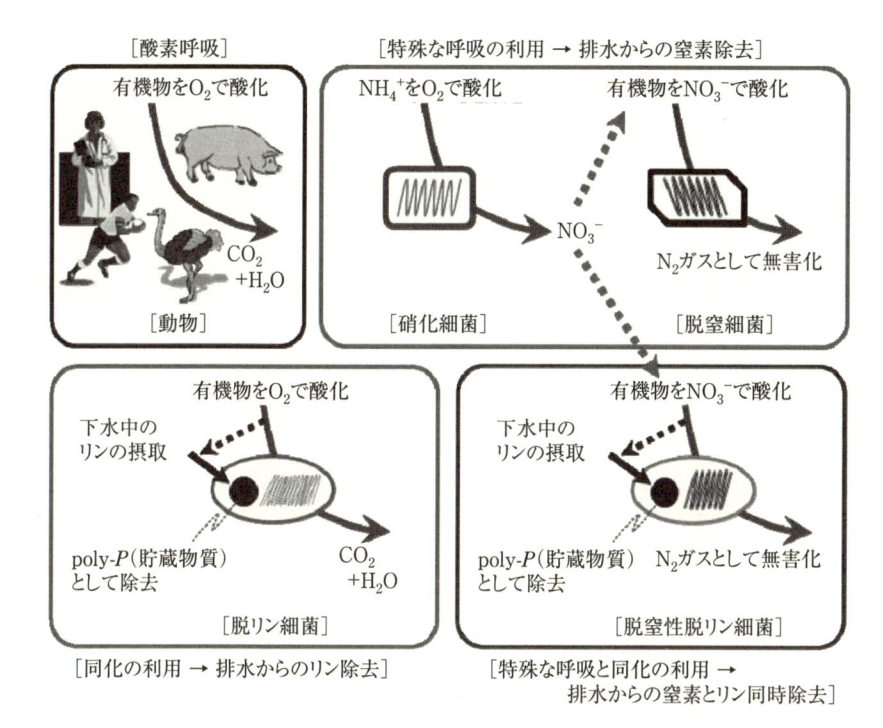

図-1.3.3　微生物の能力を応用した高度排水処理の概念

排水処理手法である．さらに，図-1.3.4に示すような，活性汚泥フロックの沈降性をさらに改善した好気性グラニュールに関する研究も数多くの報告がなされるようになった[34]．

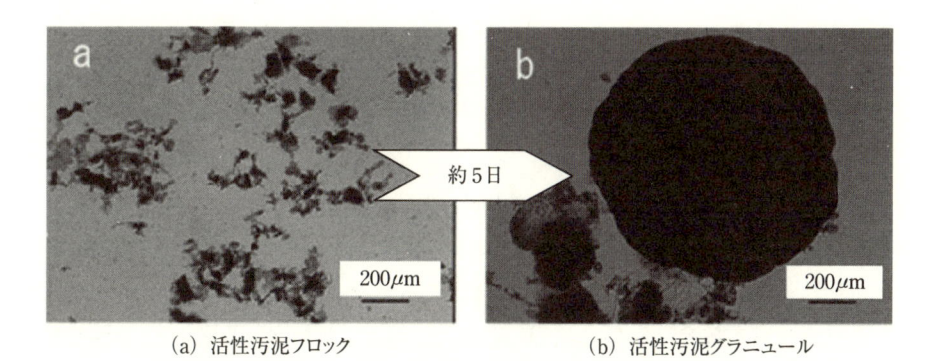

(a) 活性汚泥フロック　　　(b) 活性汚泥グラニュール

図-1.3.4　活性汚泥フロックから好気性グラニュール汚泥への変遷（ある運転条件の下で，約5日程度で汚泥の状態が変化）[34]

水質汚濁物質を水環境に拡散させる前に対策を施すことが本質的な水環境の保全手法であるが，下水道の未整備区域や下水道計画区域外の地域における未処理下水による汚濁あるいは面源による汚濁等が著しい水域では，水域の直接浄化技術が利用される場合がある。礫間接触酸化法や植生浄化法などがその技術の例である。

1.3.2 水環境保全・再生に向けての地域水施設が果たすべき役割

水資源の健全な循環を考える上で，水処理による質的な改善のための施設に加え，水資源の量的な確保を目的とした施設も重要な役割を担っている。前項で説明したように，大量に発生する下水処理水の再利用（**表-1.1.1**，**図-1.2.2**，**図-1.3.1**）は，今後，上水の使用量を抑制することで貴重な水資源の量的な確保に大いに貢献することが期待される。また，雨水利用の促進，とくに，雨水を地中に浸透させることで地下水涵養を図る施設も重要であろう。例えば，九州大学の新キャンパスの建設にあたっては，周辺地域の地下水を保全し持続的な利用を図るために，雨水浸透施設が大規模に導入されている[35]。透水性舗装が導入され，また，**図-1.3.5**に示すように，建物周辺の集水ますや排水管，側溝も貯留や浸透機能を有する構造となっている。

工場や事業場では，水利用の合理化のために節水と排水の再利用が行われる。排水の再利用はカスケード利用，循環利用，再生利用（局部的，工場単位，地域的再生利用）の3つに分類される[2]。再利用が採用される第一の理由は水の量的な不足である。さらに，排水の放流水質に対する規制強化により高度処理が要求されるため，排水処理コストの増大を再利用により回収しようとする副次的な理由もある。その際，再利用の対象となる水源（排水）は，汚濁成分が明らかなものを選び，異質な排水や汚濁成分の不明な排水を混合することは避けるべきである。すなわち，無処理での再利用（カスケード利用あるいは循環利用），あるいは，要求される再利用水の水質を達成するための最低限の水処理技術の適用（再生利用）を行うためである。このことは，工場排水に比べて量的には圧倒的に多い生活排水においても同様であり，要求される処理水質や再生水質のレベルに応じた処理技術の選択，あるいは，異質な排水（雨水，雑排水，し尿など）を混ぜずに分離することが必要となろう。「し」と「尿」を分離することさえ議論され始めている。

図-1.3.5　(a)ブロックを利用した貯留浸透施設の施工状況，浸透性の(b)排水側溝と(c)集水ます（提供：広城吉成九州大学大学院工学研究院准教授，および九州大学新キャンパス計画推進室）[35]

　健康リスクの観点からは，人の飲用に供する場合に，浄水施設で有害物質を除去および無害化するという浄水段階での対策は最終手段である。いったん，水環境中に汚濁物質を拡散するとその除去には相当の努力とエネルギー，コストを要する。したがって，水質汚濁物質の発生地点での対策が最も重要である。人口100万人以上の大都市では下水道がほぼ完備されているが，一方，中小都市においては，その普及が大きく遅れている（図-1.1.9）。処理のレベルと経済性の観点から，大都市で普及しているような公共下水道がそういった中小都市の水質汚濁の防止対策として適しているかどうかは議論の余地がある。また，中小都市においても，水環境が水資源としての重要な機能を有していたり，貴重な観光資源である場合も多く，処理能力の向上や高度排水処理の普及が求められる。したがって，合併浄化槽といった他の類似水施設も含め，より総合的な観点から水質改善の技術の開発・適用や水環境の保全の施策を実施していくことが肝要である。すでに地域水処理施設の充実した地域においての見直しも例外ではなく，大規模な

集約型のシステムよりもむしろ，上水も含めた小規模分散水システムの開発が必要となるかもしれない。

　このように下水道が果たす役割はけっして小さくはなく，今後は，下水道システムおよび処理技術の質的な高度化が必要である。一方で，公共下水道といった点源(特定汚染源)対策が促進されているにもかかわらず，水環境や水循環の再生の効果が顕著には現れていない。なぜならば，農地や山林，市街地(屋根や道路等)など，汚濁負荷源が特定できず，面的な広がりを持つ面源(非特定汚染源)について，発生負荷量の推定もなされておらず，結果として，その対策もほとんど進んでいないことが原因である。場合によっては，面源対策としての新たな地域水施設や処理技術の開発が必要となってくるであろう。

　先進国では上下水道のコストは一人当たりの年収に比して相対的に低価格であるため，価格政策による節水がほとんど働かず，また，水環境や生態系の保全，地球環境負荷削減への経済的インセンティブが生じ難い。経済的な観点からは，地域水処理施設が果たす役割は低く見られがちであり，地域水施設の更新や新規の技術開発へのインセンティブはけっして大きくないように思われる。一方，人間活動や産業活動に伴う微量化学物質汚染による健康被害のリスクは相対的に増加していると考えられることから，地域水施設が担う役割は非常に大きく，新たな技術開発が待たれる。その際，1.2.4項「流域水マネジメントシステムの構築に向けて」で述べたように，地域水施設といった社会基盤施設を継続的に維持・管理し，新規事業展開を図るためには，最も主要な要因は納税者・社会的費用負担者の信頼度であることを忘れてはならない[26]。納税者や社会的費用負担者の信頼がいったん失われることになれば水処理技術の開発，地域水施設の維持管理，そして，新たな事業の展開は頓挫することになる。また，流域の特性に応じた地域水施設の選択が必要であり，かつ，流域内の利水者・水質汚濁者・社会的費用負担者の合意の下で最終意思決定がなされることが理想である。事業の計画から設計・施工・資金調達までを，さらに，施設の維持や水環境の利活用を住民が主導したきわめて珍しい例が「台霧の瀬づくりプロジェクト」である(図-1.3.6)。住民団体やNPO，地元自治会，学生，企業，日田市，国土交通省九州地方整備局筑後川河川事務所日田出張所などが参画してプロジェクトは推進されたが，地域住民が企画・設計・施工・管理などを主導して河川整備がなされた。大分県日田市を流れる三隈川(筑後川)に架かる台霧大橋の下の河川敷を粗堀した後に川から通水

1.3 地域水施設による水環境保全と水環境再生

図-1.3.6 地域住民が主導し，河原の自然石などで再生した"せせらぎ"「台霧の瀬」

し，河原に元々存在した自然石を水中に配して自然の流れに任せて，自然に近い"せせらぎ"を再生している。

経済的な効率性に配慮することは当然であるが，水量・水質・生態系・水辺・景観など総合的に水環境に配慮がなされ，流域の特性に合致する地域水施設の選定・配置・システム化が求められている。

参考文献
1) モード・バーロウ，トニー・クラーク 著，鈴木主税 訳：「水」戦争の世紀，集英社新書，2003
2) 公害防止の技術と法規編集委員会 編：新・公害防止の技術と法規2006［水質編］，丸善，pp.92-97, 113, 201-205, 547-552, 2006
3) 環境総覧編集委員会 編：環境総覧2007-2008，通産資料出版会，p.742, 2006
4) 山地斉・久場隆広ら 編集：特集/土壌汚染を考える－動き始めた土壌汚染対策－，土木学会誌，Vol.89 No.10, pp.11-36, 2004
5) Japan Sewage Works Association：Making Great Breakthroughs － All about the Sewage Works in Japan －, p.12, 26, 2002
6) 中村隆志，楠田哲也，市川新，松井三郎，盛岡通：古代遺跡モヘンジョダロにおける給排水システムの再考，土木史研究，Vol.15, pp.87-96, 1995
7) 大森豊明 編：水－基礎・ヘルスケア・環境浄化・先端応用技術－, NTS, pp.482, 514-515, 2006
8) 水資源機構 早明浦ダム・高知分水管理所 http://www.water.go.jp/yoshino/ikeda/sameura/same_top.html
9) 土木学会 環境工学委員会 汚水処理施設最適配置手法検討小委員会：汚水処理施設の整備手法に関する調査業務報告書，国土交通省 都市・地域整備局，pp.132-160, 2006
10) 新矢将尚，船坂邦弘，加田平賢史，松井三郎：自動車交通に起因して流出する鉛の発生源の同定，水環境学会誌，Vol.29, No.11, pp.693-698, 2006
11) 和田桂子，藤井滋穂：雨天時における路面排水の水質特性および汚濁負荷の流出挙動に関する研究，水環境学会誌，Vol.29, No.11, pp.699-704, 2006
12) 佐保弘典，伴野雅之，久場隆広：自動車専用道路からの路面排水流出特性，第27回日本道路会議論文集(CD-ROM)，論文番号30006, 2007

13) 下水道新技術推進機構 編：SPIRIT21「合流式下水道の改善技術に関する技術開発」総覧, 2005
14) 国土交通省水資源部：平成18年度版 日本の水資源, pp.42-68, 2007
15) 水道基本問題検討会：21世紀における水道及び水道行政のあり方, 厚生労働省健康局水道課 http://www1.mhlw.go.jp/houdou/1106/h0624-1_14.html, 1999
16) 労働省健康局水道課：水道ビジョン http://www.mhlw.go.jp/topics/bukyoku/kenkou/suido/vision2/dl/vision.pdf, 2003
17) 国交省都市・地域整備局下水道局 http://www.mlit.go.jp/crd/city/sewerage/data/fukyu.html, http://www.mlit.go.jp/crd/city/sewerage/data/02-04.pdf
18) 下水道政策研究委員会：中期的視点における下水道整備・管理の在り方について, 国交省都市・地域整備局下水道局 http://www.mlit.go.jp/crd/city/sewerage/info/seisaku_kenkyu/chuchoki.html, 2002
19) 楠田哲也：人間活動と流域水環境, 土木学会環境工学委員会 流域水マネジメント研究小委員会報告書, p.1-1 ～ 1-6, 2000
20) 総務省統計局：家計調査年報（平成17年版） http://www.stat.go.jp/data/kakei/index.htm）, 2006
21) 石川幹子：近代都市・地域計画における流域圏プランニングの軌跡, 流域圏プランニングの時代―自然共生型流域圏・都市の再生―（石川幹子・岸由二・吉川勝秀 編著）, 技報堂出版, pp.67-85, 2005
22) 嚴斗鎔：流域における渇水時の水資源供給のための確率論的研究, 九州大学学位論文, 2001
23) 楠田哲也：GISを用いた都市における水供給方法に関する研究, 土木学会環境工学委員会 流域水マネジメント研究小委員会報告書, p.2-47 ～ 2-59, 1999
24) 福岡市：福岡市水循環型都市づくり基本構想 http://www.city.fukuoka.jp/download/1591053109062.pdf, 2006
25) 砂田憲吾：人口急増地域の持続的な流域水政策シナリオ―モンスーン・アジア地域等における地球規模水循環変動への対応戦略―, CREST「水循環系モデリングと水利用システム」第3回領域シンポジウム講演要旨集, pp.49-61, 2006
26) 船水尚行：都市水施設系の過去・現在・未来, 循環型社会構築への戦略～21世紀の環境と都市代謝システムを考える～（田中勝, 田中信壽 編著）, 中央法規, pp.234-265, 2002
27) 楠田哲也：黄河流域の水利用・管理の高持続性化, CREST「水循環系モデリングと水利用システム」第3回領域シンポジウム講演要旨集, pp.115-125, 2006
28) 虫明功臣：流域圏・水循環再生, 流域圏プランニングの時代 ―自然共生型流域圏・都市の再生―（石川幹子・岸由二・吉川勝秀 編著）, 技報堂出版, pp.117-148, 2005
29) 浦野紘平：リスクコミュニケーション, 土木学会誌, Vol.89, No.10, pp.32-33, 2004
30) 嘉門雅史：土壌汚染浄化対策における土木技術者の使命と役割, 土木学会誌, Vol.89, No.10, pp.34-35, 2004
31) 今中忠行 監修：微生物利用の大展開, エヌ・ティー・エス, 2002
32) V.Torrico, T.Kuba and T.Kusuda：Effect of Particulate Biodegradable COD in a Post-denitrification Enhanced Biological Phosphorus Removal System, Journal of Environmental Science and Health, Part A Toxic/Hazardous Substance & Environmental Engineering, Vol.A41, No.8, pp.1715-1728, 2006
33) L.G.J.M. van Dongen, M.S.M. Jetten and M.C.M. van Loosdrecht：The Combined Sharon/Anammox Process - A sustainable method for N-removal from sludge water -, Water and Wastewater Practitioner Series：STOWA Report, IWA Publishing, 2001
34) Z.H.Li, T.Kuba and T.Kusuda, X.C.Wang：Effect of Rotifer on the Stability of Aerobic Granules, Environmental Technology, Vol.28, No.2, pp.235-242, 2007
35) 広域吉成, 神野健二, 新井田浩, 下大迫博志：新キャンパスにおける地下水の保全対策, 土木学会誌, Vol.90, No.9, pp.50-53, 2005

第2章 資源循環論

2.1 廃棄物問題と今後の展開

2.1.1 廃棄物問題と対策の歴史

　資源循環を論じる前に，我が国が辿って来た，人間の生活および生産活動に伴い，必ずや発生する廃棄物の問題とその対策について述べる。今までの長い歴史においては，廃棄物として埋立地に葬り去られていた物質を，資源として有用であれば埋立処分することなく，循環資源として利用することが求められる今日である。ここで，忘れ去られがちな公衆衛生の面からの廃棄物処理の大切さを再認識するためにも，資源の循環を配慮した廃棄物処理へと変遷した廃棄物処理と廃棄物の資源化の歴史を整理する。

　廃棄物の歴史は太古の貝塚から始まり，近世では地球環境にまで影響を及ぼしている。廃棄物問題はその背景となる社会を無視しては語れない。

　江戸時代には，廃棄物は大きな社会問題であり1655年には，生活ごみの野焼きを禁止する触れが出された。この当時(1661～1672年)のごみの終末処理は永代島へ専門の請負業者により運ばれて処分されていた。1730年には永代島の埋立てが終了し，深川越中島へと移っていった[1]。

　明治に入って生活ごみ処理の法令が出たのは1888(明治21)年である。明治に入り海外からの文物が輸入されるようになると同時に，コレラ等の伝染病も流行するようになった。1895(明治28)年から1896年にかけても伝染病が大流行し，明治政府もその対策の一環として，1901(明治34)年ごみ処理の公営化を義務づけ「汚物掃除法」を制定した。これが我が国の廃棄物処理に関する初めての法律になる。

　明治に入って1897(明治30)年に敦賀市に高さ1.8mの煙突を付け，1日11.5ト

ンのごみを焼却する炉が建設された。これが日本の焼却炉の始まりである。東京にごみ焼却場が出来上がったのは，大震災の翌年1925（大正14）年であり，大崎に10時間で22.5トンの焼却能力を有する炉がつくられた[2]。昭和に入り，東京市では1927（昭和2）年から1936（昭和11）年までに，ごみ焼却場は8施設に増設され，ごみ発生量の45％が焼却処理され，埋立処分45％，肥料・飼料等として10％が利用されていた。

第二次大戦後，農地改革を契機とする農村の大きな変貌と化学肥料の急速な普及により農村がし尿を肥料として利用しなくなり，利用先を失ったし尿の処理が問題となった。この時期になると廃棄物処理が，衛生的・快適な生活環境を保持するために環境衛生の見地から取り上げられるようになり，1954（昭和29）年に汚物掃除法が廃止され「清掃法」が制定された[3]。

1890（明治23）年から1970（昭和45）年に，新しい「廃棄物の処理及び清掃に関する法律」（廃棄物処理法）が施行されるまでの80年間に及ぶごみの排出量の変遷を見る上で非常に貴重な資料「京都市のごみ排出量過去実績値の経年変化」を図-2.1.1に示す。一人1日排出量は，第二次大戦前は1935（昭和10）年の200gを最高に減少し始め，終戦時1945（昭和20）年には40gを切るまでに落ち込んでいる[4]。

今日ごみ問題は，1960（昭和35）年を嚆矢とする。当時の首相，池田勇人氏が所得倍増論を唱え，消費は美徳と社会を囃し立てた。所得の急激な増加ととも

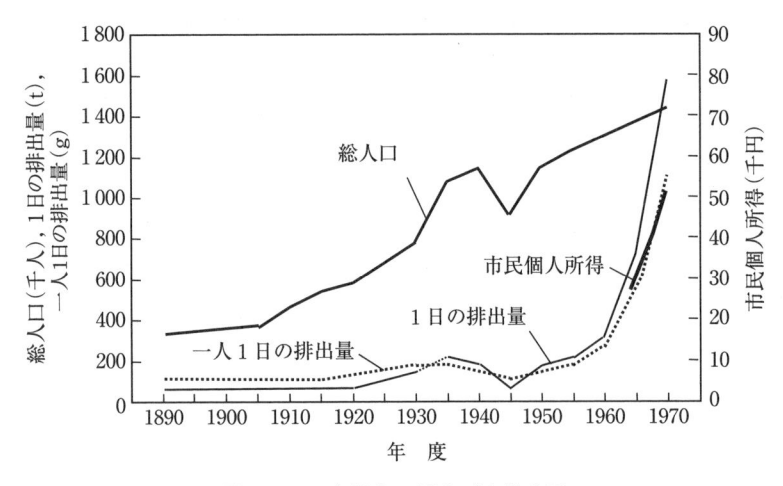

図-2.1.1　京都市の都市ごみ排出量

に，ごみの量も急増していった。1970(昭和45)年には一人1日1 000gの排出量を超えるまでになった。1960年代は労働力を求める都市に人口が集中し始めた時代で，都市の急激な膨張にごみ対策が追いつかず，沼沢地や不用になった溜池等を急場の埋立地に選んだ。その後の廃棄物に纏わる特記すべき歴史的事項は，以下のようである。

1957(昭和32)年：東京都では23区からのごみを14号地(通称，夢の島で海面埋立処分を開始した。

1965(昭和40)年：東京都の夢の島に大量のハエが発生，近隣の江東区の住宅では，天井裏が真っ暗になるほどに大量発生した。

1970(昭和45)年：12月の国会で14の公害に関する法案が通過した。そして，世間ではこの国会を「公害国会」と呼んでいる。同年に廃棄物処理法が成立し，一般的にごみといわれていた廃棄物も一般廃棄物と命名され，産業から排出される廃棄物は産業廃棄物に分類された。

1971(昭和46)年：美濃部都知事は，江東区地先にある廃棄物処分場に端を発した住民運動に，東京ごみ戦争と称して解決に苦慮した。この事件がきっかけとなり，埋立処分についての社会的認識が高まった。また，同年には環境庁が発足した。

1972(昭和47)年：松戸市に日本で初めて流動床式焼却炉が竣工した。2年後の1974(昭和49)年には，国内最大の1 800トン/日の焼却炉が東京都江東区に誕生した。

1977(昭和52)年：我が国で初めて廃棄物処理施設構造指針が制定され，同時に共同命令により遮水工の設置が明示された。

1978(昭和53)年：大都市圏域の海面を利用する最終処分場計画の一つである大阪湾フェニクス計画(大阪湾圏域広域処理整備事業)が発表され，2年後の1982(昭和57)年には大阪湾広域臨海環境整備センターが設立された。

1979(昭和54)年：新日本製鉄では溶鉱炉の原理を利用した廃棄物の溶融炉をに釜石市に50トン炉2基を設置した。1980年代にガス化溶融技術が資源化技術の一つとして研究開発され始めた。

1983(昭和58)年：雑誌「暮らしの手帳」に乾電池からの水銀漏洩問題が発表され社会に衝撃を与えた。また，同年に愛媛大学の立川らが焼却残渣中のダイオキシン含有を公表するなど，重金属や塩素系化学物質による汚染が社会に大きな衝

撃を与えた。

1986(昭和61)年：八王子市戸吹埋立処分場で遮水シート破損による浸出水漏洩問題が住民の埋立処分場反対運動を盛り上げた。

1989(平成元)年：廃棄物研究財団が設立され，続いて，1990(平成2)年には，廃棄物関係者にとって待望の廃棄物学会が設立された。

1991(平成3)年：再生資源利用促進法が制定され廃棄物を資源として利用することを国として法律で定めた。1970年に廃棄物処理法が制定されて以来，はじめて大幅な法律改正を行う。ここで，特別管理廃棄物についての制度が設けられる。同時に，「産業廃棄物の処理に係る特定施設の設備促進に関する法律」を公布した。

1993(平成5)年：香川県豊島の不法投棄の問題がいよいよ県のもとを離れて国の公害等調整委員会に調停が申請された。その年に「特定産業廃棄物に起因する支障の除去等に関する特別措置法」(産廃特措法)が公布された。

1995(平成7)年：我が国で始めて廃棄物資源を有効に利用する「容器包装に係る分別収集および商品化の促進等に関する法律」(容器包装リサイクル法)が公布された。

1997(平成9)年：ごみ処理に係るダイオキシン類の削減対策通知・新ガイドラインを策定し，大気中のダイオキシン類の濃度を世界の平均値並に削減する運動を始めた。この対策として一般廃棄物用のごみ焼却施設のうち小型のバッチ炉の削減を始めた。同時に，焼却残渣等を溶融固化する施設の設置を促進した。

1998(平成10)年：「特定家庭用機器再商品化法」(家電リサイクル法)が公布され，テレビ，洗濯機，冷蔵庫，クーラーの大型家庭用品4品目の収集が始められた。

2000(平成12)年：我が国の資源を有効に利用し循環する基本法である循環型社会形成推進基本法が公布され，同年「建設工事に係る資材の再資源化等に関する法律」(建設リサイクル法)と「食品循環資源の再利用の促進に関する法律」(食品リサイクル法)が公布された。これを支えるグリーン購入法が2001(平成13)年に施行された。2002(平成14)年には，「使用済み自動車の再資源化等に関する法律」(自動車リサイクル法)が公布され，着々と資源循環型社会の形成に向けての取り組みがなされた。同時に，3Rを支える適正処理技術の中心にある最終処分場は，今後とも環境を保全する都市施設としてますます重要な役割を果たすことにな

る。

2.1.2 廃棄物処理技術の展開

(1) 中間処理

a. 焼却処理技術の種類と特徴

　狭い国土での効率的な土地活用および新規の最終処分場の立地が困難な我が国においては，焼却処理，埋立処分が社会的に認知されている廃棄物処理である。焼却の目的は，ごみを焼却することにより，ごみの減容化，減量化，安定化，無害化，資源化，埋立地の延命化，輸送コストの軽減化等を，高い資源効率かつ低コストで実現することができる。

　最近の清掃工場では100トン/24 hの中規模工場にも廃熱ボイラーを設置し，エネルギー回収がなされている。ごみ焼却エネルギーは，廃熱ボイラーにより約80 %を蒸気エネルギーとして回収している[5]。

　機械炉の我が国第一号機（15トン/8 h，煙突33 m）は，1960年，当時の岡山県玉名市に建設された。その後，岩戸景気に象徴される戦後の好景気を迎え，ごみの排出量は急増し，全連続燃焼式の要求が高まった[2]。大阪市は全国でもいち早く，24時間の連続運転が可能な焼却炉建設を構想し，1963年，全連続燃焼式の住吉工場を竣工させた。

b. 排ガス処理の変遷[6]

　我が国の本格的な全連続炉は1963年に竣工した，大阪市住吉工場の150トン/24 h，3基である。大気汚染による公害が社会問題化している時期であり，この大阪市の焼却炉にはマルチサイクロンと電気集じん装置が採用された。1968年にはばい煙規制法に代わり大気汚染防止法が施行され，硫黄酸化物規制としてそれまでの排出基準に代わり，最大着地濃度（K値）規制がなされ，ノズル付きの高煙突が普及した。1970年には，大阪府公害防止条例が定められ，塩化水素除去のための湿式排ガス洗浄装置を設けることが義務付けられた。その後，湿式洗浄装置が普及すると，1977年には廃棄物焼却炉にも塩化水素の排出規制が適用されることとなった。この塩化水素排出規制により，湿式洗浄に加えて，設備が簡単で，経済的な消石灰を吹き込む，乾式排ガス処理技術が開発された。1973年には窒素酸化物の排出規制が行われ，無触媒脱硝法，低酸素燃焼制御法が開発された。

c. ダイオキシン対策等の規制

愛媛大学立川らは，1983年，ごみ焼却炉の焼却残渣中のダイオキシン含有データを公表した。1990年には，ダイオキシン類発生防止等ガイドラインが策定された。国は，1996年，焼却残渣の処理方法として，新設，既設別の焼却炉の規模に応じてダイオキシン類濃度の基準値を設け，基本的に溶融固化して処理するように通達を出した。このことによって，全国の焼却施設に溶融施設が付設されるようになり，焼却処理後の残渣は溶融処理されることが一般化していくこととなった。1997年には，国はごみ処理に係るダイオキシン類の削減対策（新ガイドライン）を公布し，溶融固化施設の設置実施を促進することを図った。同年，大気汚染防止法の一部を改正し，ダイオキシン類を有害大気汚染物質に指定し，排出基準値を定めた。また，1999年には，「ダイオキシン類対策特別措置法」を制定し，ダイオキシン類の排出量は年々減少した。ダイオキシン類の最大の発生源は，廃棄物の焼却施設である。1997年度で，都市ごみ焼却施設より発生したダイオキシン類は5 000 g-TEQ/年程度と推定されているが，規制の強化により2003年で71 g-TEQ/年まで低下し，ダイオキシン類対策特別措置法に基づき定められた削減目標を達成した。ダイオキシン類対策として，焼却処理に代わり，溶融固化施設の設置実施が促進された。

d. 廃棄物の溶融技術

溶融施設は，焼却残渣を溶融する灰溶融施設とごみを直接溶融する施設がある。実態調査によると，溶融施設の中で直接溶融施設が1979年に初めて岩手県釜石市に設置され，その後，燃料式灰溶融施設が1985年に，電気式灰溶融施設が1991年にそれぞれ設置されたが，溶融施設の設置増加はあまり見られず，1993年までは10施設にも達していなかった。しかし，ダイオキシン類対策特別措置法に基づき，2001年12月からダイオキシン類排出量の新基準が適用されるに伴い，多くの自治体において2002年度末までに既設のごみ焼却施設を廃止し，または新たに灰溶融施設併設の焼却施設やガス化・直接溶融炉を設置した。このことにより，施設数は急激に増加し，2002年度には132施設が設置稼働している[7]。

1998年には，「一般廃棄物の溶融固化物（溶融スラグ）の再生利用に関する指針」が通達され，溶融スラグの積極的な利用が推し進められている。環境安全性評価基準を満足したスラグはエコスラグと呼ばれ，土木資材・建設資材として有効利用される。環境安全性評価は，溶出試験（JIS K 0058-1）や含有量試験（JIS K 0058-2）

の結果をもとになされることになる。**図-2.1.2**には，都市ごみと下水汚泥のエコスラグ生産量を示す。2002年度の都市ごみスラグは，全国99施設で生産され，その合計量は約22.7万トンであり，その内約13.0万トン（47％）が有効利用されている。一方，同年度の下水汚泥のスラグは約4万トンであり，53％に相当する2.1万トンが有効利用された。

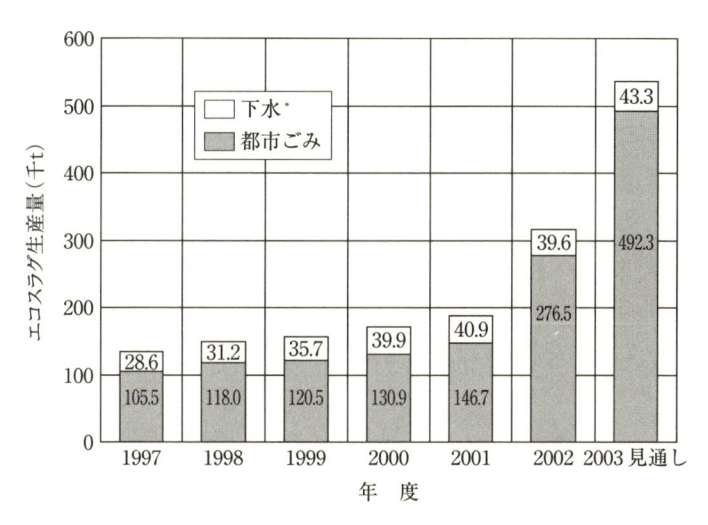

図-2.1.2 都市ごみ，下水汚泥のエコスラグ生産量の推移

e. 特別管理廃棄物：PCB廃棄物処理

PCB（ポリ塩化ビフェニル）は，1968年に発生したカネミ油症事件を契機に，1972年に製造・使用が中止され，保管が義務付けられました。それまでの間，我が国では約6万トンが生産された。処理施設の設置が困難なことなどから，過去30年間保管を余儀なくされてきた。また，国際的には2001年，残留性有機汚染物質に関するストックホルム条約（POPs条約）が採択され，2028年までにPCB等のPOPsを廃絶することとなった。これらを背景に，2001年にPCB特別措置法が制定され，15年以内（2016年7月15日まで）に処理をすることが義務付けられた。廃棄物処理法に基づく4種類の化学分解法（脱塩素化分解法，水熱酸化分解法，還元熱化学分解法，光分解法）が認定された。

(2) 最終処分[8]

a. 最終処分場の分類と埋立構造

最終処分場は1965年頃,もっぱら埋立地と称され,ごみが埋立てられる場所を指していた。当時は大都市を除いてはほとんどが山間部や沼沢地や溜池等に投棄型の埋立てがなされた。これが最終処分場として整備されはじめたのは,1975年に至ってからである。

1970年に廃棄物処理法が制定され,そこで産業廃棄物と一般廃棄物に分類される。産業廃棄物の最終処分場は廃棄物の種類により遮断型,管理型と安定型処分場に分けられ,一般廃棄物の最終処分はすべて産業廃棄物で分類された管理型に属している。管理型最終処分場は,重金属類,有害物の一定の溶出基準以下の産業廃棄物,燃えがら(焼却灰),ばいじん(飛灰)等にあっては,ダイオキシン類含有量3ng-TEQ/g以下の廃棄物を埋立処分するものである。遮断型最終処分場は,これらの基準を満たさない産業廃棄物を埋立処分する。安定型最終処分場はそのまま埋立ても環境保全上支障のない産業廃棄物でガラス,陶磁器くず,ゴムくず等が指定されている。

埋立地は立地する場所によって,陸上埋立と水面埋立に分類され,それがさらに海面埋立と内水面埋立に分類される。海面埋立は江戸時代から行われていたが,当時は今でいう海面を締め切るのではなく海岸埋立であった。陸上埋立は,山間部が多く平地の埋立ては少なかった。

欧米の諸外国では嫌気性埋立構造を採用しており,埋立地から発生するメタンガス利用が盛んである。我が国では,気候条件や社会的要求により,世界でも珍しく好気性埋立構造を用いた。1975年から用いられ始めたのが準好気性埋立構造である。埋立地の中に空気を送入することにより,内部の好気性微生物の働きが活発になり埋立地内温度が70℃以上にもあがり,外気温よりも高くなる。その結果,埋立地内部のガスの密度は軽くなり,大気へ排出されるとともに,埋立地底部に敷設される有孔管より空気が導入される。準好気性構造は,このメカニズムを利用して,埋立地内に空気を積極的に取り入れ,好気性微生物によって浸出水水質の改善と埋立廃棄物の分解を早めるものである。

b. 遮水工の技術開発

ⅰ) 表面遮水工

廃棄物最終処分場において,埋立地への降水は廃棄物層に浸み込み浸出水とな

り，やがて底部に敷設された浸出水集排水設備を通して浸出水処理施設に集まる。この浸出水による地下水汚染を防止する目的で遮水工を設置する。遮水工は鉛直遮水工と表面遮水に大別される。最終処分場の遮水工は，1998年6月の基準省令改正により「遮水シートと不透水性土質等の組み合わせによる遮水工の二重化，保護層の設置等遮水機能の強化等」が図られた。

ⅱ) 表面遮水工の漏水検知技術

埋立地からの浸出水の漏洩による地下水汚染問題が最終処分場建設反対の一番大きな原因である。そのため最終処分場管理には，特別の遮水工漏水検知技術が要求された。遮水シートに生じた損傷の有無とその位置を検知する方法として大きくは電気的検知法と物理的検知法が開発された。

c. 新しい最終処分場：覆蓋型最終処分場

従来からの最終処分場の環境上の問題により，最終処分場に対する地域住民の不信感が高まり，最終処分場の建設推進に支障をきたしている。これを払拭するために考案された処分場が覆蓋型の最終処分場である。この処分場の特徴としては，① 外部からは最終処分場のイメージが薄く，クリーンなイメージを与える施設である。② 閉鎖空間の処分場であるため，廃棄物の飛散，臭気の拡散などを防ぐことができる。③ 発生する浸出水の量は，降水(降雨降雪)等の自然現象に左右されない。浸出水量の制御ができる。また，豪雪地域でも冬期の埋立てができるなどのメリットがあり，地域住民に受け入れられやすい処分場となっている[9]。

2.2 持続型社会における廃棄物の循環資源化

2.2.1 現代の資源問題

資源は，化石燃料や鉱物資源のように消費に伴い枯渇性する資源(枯渇性資源)，森林や漁業資源のように更新される資源(再生可能資源)，空間土地資源の3つに分類される。人間以外の動物は，再生可能資源以外の資源を利用することはなく，生きるために必要な量の資源を自分の力で採取が可能な状態の資源を，入手可能な地域から採取しながら生存している。また，人間であっても，現代のように，資源の採取技術や行動手段が発達していなかった時代においては，生存

のために必要な量だけを日常の行動範囲の中から得ていた。つまり，身近な自然界からの資源を利用していたことから，過度に採取しすぎると，資源の採取量が減少し，または枯渇してしまうことを長年の体験を通じて知っていたのである。森林や漁業資源といった再生可能な資源は，生産速度内で消費を行えば，持続的な利用が可能であり，地域社会には資源の枯渇を防ぐための因習や掟が形成されており，再生される以上の資源の採取を防ぎ，持続的に資源を得るための仕組みが存在していた。一方，現代社会においては，必要以上の量の資源を，世界中から調達し，しかも自然の物質循環サイクルにのらない廃棄物を大量に排出するに至っている。石油・石炭の化石燃料や金属・レアメタル等の鉱物資源の枯渇性資源に関しては，経済発展を優先し，資源を世界中に求め，その様は世界資源戦争と称されるに至っている。これらの枯渇性資源は，消費すれば資源量が減少し，再利用が強く求められる資源である。また，再利用に伴い質が低下することは避けられず，利用の用途も限られてくる。

経済学では，無料で無限に利用できる財を自由財と定義している。水や大気は自由財にあたり，無料であることから過剰に利用することになりがちである。地下水を大量に汲み上げて利用し，森林や漁業資源を過剰に採取し，また二酸化炭素を，環境容量を超えて排出し続けるといった経済活動こそ，現代の資源問題と環境問題の根源であるといえる。

ここでは，資源の中でも枯渇性資源を対象とした資源循環再生について述べる。

2.2.2 資源の消費と資源循環

(1) 我が国の物質フロー

物質（マテリアル）フローとは，我が国の経済活動にどれだけの天然資源や循環資源等の物質が投入され，消費，または廃棄されているかを，資源採取から廃棄までの物質の流れで示したものである。物質フローを明らかにすることによって，天然資源の利用量，再利用されている物質量，廃棄物排出量等の全体像を知ることが可能となり，循環型社会の構築のための方策に示唆を与えることが可能となる。

図-2.2.1 には，2004年度の我が国における物質フローを示す[10]。約19.4億トンの物質が投入されているが，それに占める循環利用された物質量は約2.5億ト

2.2 持続型社会における廃棄物の循環資源化

ンと，総物質投入量の12.7％にしか過ぎない。エネルギー・食料として消費された量は，約3.8億トンで29.8％である。廃棄物発生量は，約6.1億トンであり，31.1％となっている。図中の蓄積純増とは，天然資源を投入して製造された自動車・電気製品，建物・道路の構造物等としてストックされている量を示す。ストックされている量は，総物質投入量の42.9％に達している。

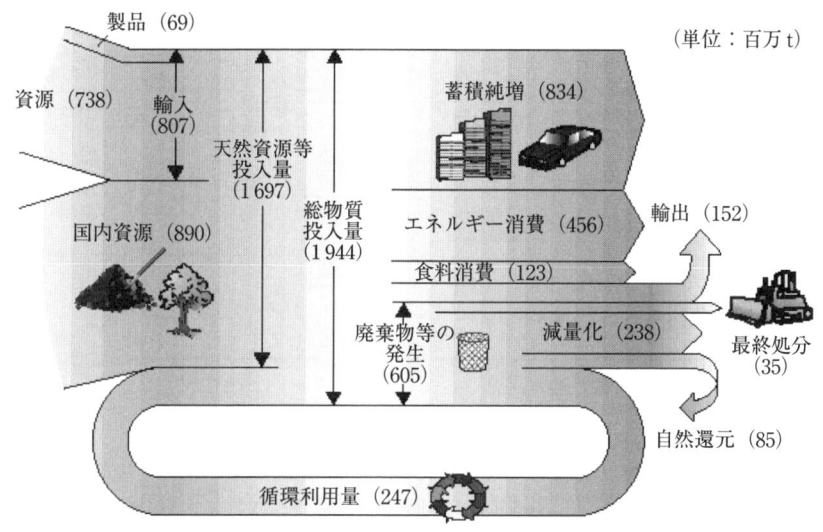

```
製品（69）
資源（738）
輸入（807）
天然資源等投入量（1 697）
国内資源（890）
総物質投入量（1 944）
蓄積純増（834）
エネルギー消費（456）
食料消費（123）
輸出（152）
廃棄物等の発生（605）
減量化（238）
最終処分（35）
自然還元（85）
循環利用量（247）
（単位：百万t）
```

注）産出側の総量は，水分の取込み等があるため総物質投入量より大きくなる。
［資料］環境省

図-2.2.1 我が国における物質フロー

全世界で消費されている資源の量を示したものが**表-2.2.1**である[11]。総量は約185億トンであり，エネルギー資源が半数を占めている。我が国に投入されている物質量20億トンは，世界の資源消費量と比して小さくない割合であり，世界人口に占める日本人口の割合が約2％であることを考えると，我が国は膨大な量の資源を消費していることがわかる。我が国の資源問題，地球環境問題の解決のための責務は，大きいといえる。

物質のストック量は総物質投入量の4割を超えており，国内および世界中から物質を調達し，海外に輸出される物質量は少なく，国内に物質が蓄積されている

表-2.2.1　世界の資源消費量

資源種		数量（億トン）		年
エネルギー資源	石炭	37.11	約89	1998
	石油	34.45 *1		2001
	天然ガス	17.75		2000
食物	穀類	25.49	約34	2001
	肉類	2.27		2001
	牛乳	4.93		2001
	水産物	0.92		1999
木材	薪炭	17.66	約35	2000
	用材	17.25		2000
鉱物	石炭石 *2	20.00	約29	1995
	鉄鉱石	5.84		1999
	銅鉱石純同換算	0.14		2001
	銅鉱石＋ずり *3	1.40		2001
	ボーキサイト	1.38		2001
繊維		0.25		2001
天然油脂		0.15		2001
ゴム		0.71		2001

*1　ただし密度 $\rho = 0.9$
*2　セメント14.21億トンから換算した。
*3　ずりは廃石を意味する。銅鉱石を例示したが，他の金属資源では量はこれほどではない。

[出展] 天然ガスとゴムを除いて，"日本国勢図会 1999/2000"，"世界国勢図会 2002/2003" 矢野恒太記念会編集・発行を用いて換算国勢図会 2002/2003，矢野恒太記念会編集・発行を用いて換算

ことがわかる。この蓄積されている物質は，時間遅れを伴って不要な物質となる部分であり，循環利用されなければ廃棄物として排出されることになる。潜在廃棄物ともいわれる物質であり，地震や水害などの自然災害に伴い，短時間に災害廃棄物として発生するおそれがある物質である。1992年に発生した阪神・淡路大震災では，兵庫県下から発生する年間廃棄物量の8.5年分にも相当する1958万トンの災害廃棄物が発生し，ビル，家屋等の構造物としてストックされている物質量の膨大さをまざまざと再認識させた[12]。

図-2.2.1 に示す天然資源投入量には，隠れたフロー（hidden flow）が含まれていないことに注意しなければならない。隠れたフローとは，資源採取等のために，目的の資源に付随して採取，採掘される不要な物質や廃棄物を示す。石炭や

金属等の地下資源の採掘に伴い掘削される表土や岩石等を意味しており，我が国の国内外での資源採取量の2倍程度の隠れたフローが生じていると推計されている[10]。世界の廃棄物量は約120億トン（2000年）[13]と推定されており，両データの出典が異なるため正確さに欠くが，我が国の経済活動を支えるために，国内外の天然資源の生産地において，相当量の廃棄物を発生させていることが推察される。

(2) 我が国の循環資源フロー

2004年度における我が国の廃棄物の循環的な利用状況を図-2.2.2に示している[10]。1年間に6.05億トンの廃棄物が発生し，2.47億トンがマテリアルリサイクル，またはリユースされている。発生した廃棄物の約41％が循環利用されているが，残りの廃棄物は焼却処理，脱水等により減量化，または最終処分されている。

土石系循環資源とも称される非金属系循環資源は，廃棄物発生量全体の39％を占めている。非金属系循環資源には，建設現場からのがれき類，鉄鋼業，非鉄金属業，鋳物業から発生する鉱さい，建設現場や浄水場から発生する無機性汚泥

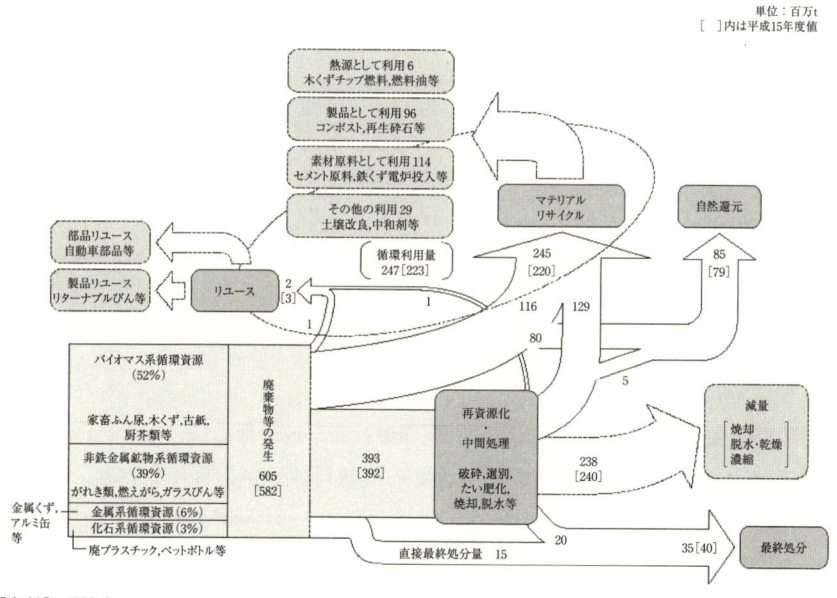

[資料] 環境省

図-2.2.2　我が国における循環資源フロー

等が含まれる。非金属系循環資源の循環利用率は66％であり，また投入量8.0億トンに対しては15％が循環利用されている[10]。

2.2.3 資源問題解決のための循環型社会の構築

(1) 循環型社会形成推進法

1990年代後半，廃棄物処理施設の立地が困難な状況にあるにもかかわらず，廃棄物の発生量は高水準で推移し，リサイクルの一層の推進が求められた。また，廃棄物処理施設の不足等により，不法投棄される廃棄物量は増加の傾向にあった。これらの社会情勢を背景に，大量生産・大量消費・大量廃棄型の経済社会から脱却し，生産から流通，消費，廃棄に至るまでの物質の効率的な利用やリサイクルを進めることにより，資源の消費を抑制し，環境の負荷が少ない循環型社会を形成することが強く望まれ，2000年6月に，循環型社会形成推進基本法が公布された。そこには，主に，以下のことが謳われている。

1. 形成すべき「循環型社会」の姿が明確に提示され，廃棄物の発生抑制，循環資源の循環的な利用および適正な処分が確保されることによって，天然資源の消費を抑制し，環境への負荷ができる限り低減される社会としている。
2. 法の対象となる廃棄物等のうち有用なものを「循環資源」と定義し，有価・無価を問わず，廃棄物等のうち資源として有用なものを「循環資源」と位置づけている。
3. 処理の優先順位を，① 発生抑制(reduce)，② 再使用(reuse)，③ 再生利用(recycle)，④ 熱回収，⑤ 適正処分としている。
4. 国，地方公共団体，事業者および国民の役割分担を明確にしている。
5. 政府が「循環型社会形成推進基本計画」を策定する。
6. 循環型社会の形成のための国の施策を明示している。

(2) 循環型社会形成の評価手法

循環型社会形成推進基本計画には，循環型社会形成のために，ものの流れの全体を把握する「物質フロー指標」についての数値目標が定められている。物質フロー指標として，① 資源生産性，② 循環利用率，③ 最終処分量の3つをあげている。資源生産性(＝GDP/天然資源等投入量)は，GDP(国民総生産)に対する天然資源投入量の割合であり，資源をいかに有効に利用したかを示す指標である。循環利用率(＝循環利用量/(循環利用量＋天然資源等投入量))は，経済社会

に投入された全資源量に対する循環利用量の割合である。2010年に達成すべき数値として，① 資源生産性：約39万円/トン，② 循環利用率：約14％，③ 最終処分量：約28百万トン，が掲げられている。

循環利用率は，循環利用量を増加させ，天然資源等投入量を減少させることによりその比率を高めることができる。筆者らは最終処分されている一般廃棄物の循環資源化に関する研究を継続的に行ってきており，中でも埋立廃棄物の約65％を占めている焼却残渣の循環資源化を目指している。天然資源投入量を減少させることによって循環利用率の増加と，同時に最終処分量の削減が図れると考えている。具体的には，次節で述べるように，焼却灰の土木資材化のための，① 炭酸化処理による安定化技術の開発，② 焼却灰のセメント原料化のための効率的な脱塩技術，の開発に取り組んでいる。

(3) 廃棄物対策と資源循環の両立

鉱物系の資源循環技術に取り組んでいる国立環境研究所の研究事例を紹介する[14]。鉱物系資源循環とは，金属系循環資源と非金属（土石）系循環資源を合わせた資源である。循環型社会像として，① 環境（化学物質）リスク低減を重視した循環型社会，② 国内資源の安全性を重視した循環型社会，③ 負の遺産解消を重視した循環型社会を挙げ，これらを同時に実現するシステムを提案している。システムの特徴としては，法律で分類されている一般廃棄物と産業廃棄物の区分や鉄鋼業界・非鉄業界といった業界の枠を越えた産業共生の概念のもと，発生する循環資源を有効利用し，循環型社会をつくり上げようとするものである。図-2.2.3に示す技術システムの戦略では，一般廃棄物の焼却灰・飛灰をセメント原料として循環利用し，一般廃棄物の溶融飛灰は高濃度に亜鉛等の重金属を含有するため非鉄精錬施設で山元還元され，無害化される。そして，一般廃棄物の溶融スラグ，製鋼施設からの製鋼スラグ，コンクリート・アスファルト等の建設廃棄物は，土木資材として利用され，一部は，負の遺産とされる浚渫窪地や採掘跡等の充填材として埋め戻される。このように，循環資源の量と質を良く見極めながら，循環資源をダイナミックに有効利用することが循環型社会の構築に求められる。

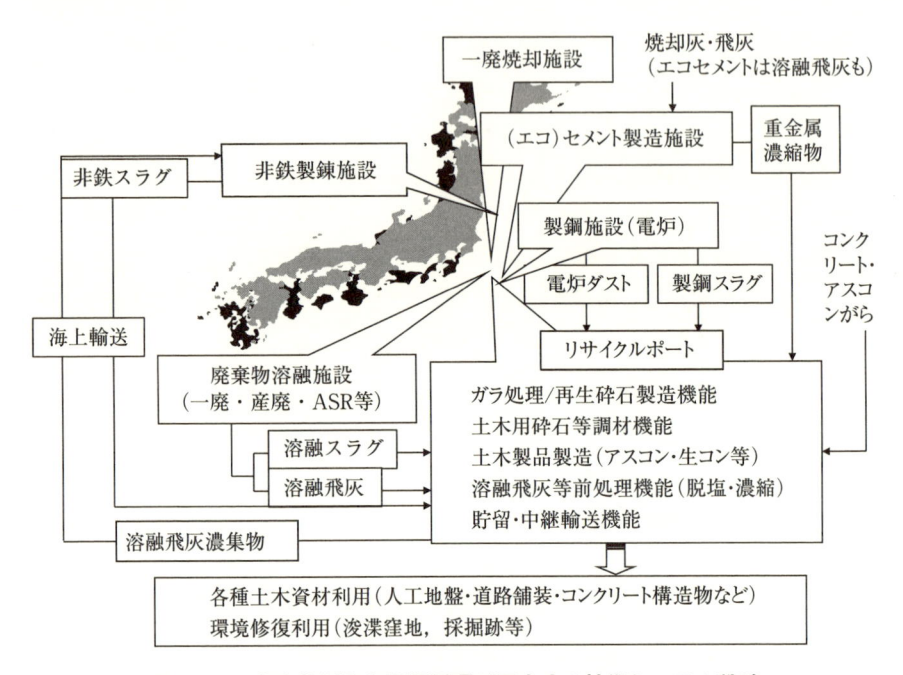

図-2.2.3　廃棄物対策と資源循環が両立する技術システム戦略

2.2.4 循環型社会に不可欠な持続型環境技術

(1) 持続型環境技術の基本理念

　大量で，質的に不均質な循環資源を循環資源化させるための技術について論じる。この技術を「持続型環境技術(Sustainable Environmental Technology)」と呼ぶこととし，以下の3つの要素を含んでいる技術と定義する。

① 環境負荷，エネルギー，経済等の視点から循環型社会の構築に寄与する。
② 自然の摂理(自然現象)に技術の基礎を置いている。
③ 技術の機構が明快であり，外部要因の変動を受けにくく，普遍的かつ確実に機能する。

　図-2.2.4は，国指定史跡に選ばれた福岡県朝倉市の三連水車である。渇水に見舞われた江戸時代(1798年)に，筑後川の支川から田畑に水を揚水するために建設された水車である。この水車は今も初夏から秋にかけて稼動しており，三連で1分間に6.1m^{3}もの揚水能力を有し，約35haの田畑に水を潤している。木材製の水車の構造はきわめてシンプルであり，モータ動力等は一切必要とせず，自然の

図-2.2.4 朝倉の菱野三連水車

川の流れの力によって水を汲み上げる。この三連水車は，まさに，循環型社会に求められている持続型技術の象徴である。

　戦後の工業化を支えた大規模かつ複雑な技術に対して，1960年から70年にかけて技術の再評価が叫ばれた。その中で，「もう1つの技術(alternative technology)」，「適正技術(appropriate technology)」といったAT技術の概念が提唱されている。資源を循環利用し，廃棄物を循環資源化するためには，何らかの労力，エネルギー，コストを追加的に投入する必要があり，循環資源は天然資源より価格競争力に劣ることが多い。また，焼却残渣等の非金属(土石)系循環資源量は，総廃棄物量5.8億トン(2002年度実績)の36％を占めるなど量が膨大であり，かつ性状は不均質である。このため，エネルギー多消費型となりがちな高度かつ複雑な技術による循環利用を行った場合，廃棄物の循環利用量が増加したとしても，循環のための追加的なエネルギー投入は増大し，また費用がかかることから，必ずしも資源生産性の向上に寄与せず，このような技術は実用に適さないと考えられる。循環型社会の構築には，持続型環境技術の開発と導入が不可欠であると考える。

(2) 生活環境を保全している持続型環境技術

　自然界は，汚染された環境を浄化し，元の状態に修復させる自浄作用を有している。ここで，我々の生活環境を保全している持続型環境技術の範疇と思われる浄化技術をいくつか紹介する。

　下水道処理方式の代表的なものに，イギリスで実用化(1914年)された標準活

性汚泥法がある。生物反応槽の底部に多孔散気管が取り付けらており、下水中に空気（酸素）を供給し、有機物の分解速度が速い好気性微生物によって、溶解している汚濁成分を除去する処理方法である。生物化・物理的なさまざまな汚水処理方法が考案されているが、一年間に約125億m^3と膨大な量を処理しなればならない下水処理施設では、短時間（6〜8時間）に、かつ経済的に下水を処理しなければならない。「三尺流れて水清し」とのことわざがあるが、標準活性汚泥法は微生物による水浄化能力を最大限に利用した優れた汚水処理技術である。

　水中のみならず、土壌にも多くの土壌微生物が生息している。下水処理場や堆肥化工場からの悪臭ガスは、土壌中を潜らせることによって悪臭成分を土壌に吸着させ、また土壌微生物によって悪臭成分を分解させる土壌脱臭法が利用される。また、汚水処理量が少なく、公共下水道の整備が不向きな地域の農業集落排水や小中学校等からの生活雑排水は、土壌浄化法で処理されことがある。図-2.2.5には、土壌浄化法で用いられるトレンチの断面を示す。陶管からなるトレンチを地中に埋設し、このトレンチから汚水を土壌に浸透させることで浄化される。筆者らは、廃棄物埋立地からの浸出水と呼ばれる汚水を、土壌浄化法で処理できることを確認している。

　前述した我が国で開発された廃棄物最終処分場の標準的な埋立構造である準好気性埋立も持続型環境技術に相当する。埋立地底部に有孔管を敷設すると、埋立地内部の温度が生物・化学的反応に伴う熱により埋立地内温度が上昇し、外気温

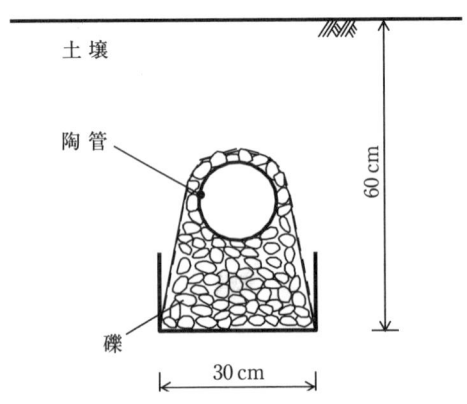

土壌を用いて汚水の悪臭を除去し、浄化する。

図-2.2.5　土壌浄化法のトレンチ断面の一例

よりも高い温度示す。その結果，埋立地底部の有孔管から対流により自然と内部に空気(酸素)が取り込まれることになる。埋立てられた厨芥等の有機性廃棄物は，好気性微生物によって浸出水の水質は改善され，廃棄物そのものの分解も促進される。埋立地底部に有孔管を敷設するだけの単純なシステムであり，経済的でもあることからも，有機性廃棄物が焼却処理されずに埋立処分されている東南アジアの諸国へ技術導入が進められている。

(3) 持続型環境技術による循環資源化

九州大学21世紀COEプログラム「循環型住空間システムの構築」の中で取り組んで来た研究の成果を2つ紹介する。

a. 炭酸化処理による焼却灰の安定化技術[15]

燃えるごみは焼却されると重量比で2割程度に減少する。燃焼温度は850℃以上に保たれており，その温度でガス化しない元素は焼却残渣として排出される。廃棄物の焼却処理は，付着している病原菌等を死滅させ，悪臭成分を分解させる等，衛生面に優れ，減容効果も著しい。しかし，その反面，重金属をはじめとする燃焼に伴いガス化しない元素は，重量変化に伴い相対的に濃縮されることになる。焼却灰を道路路盤材や埋め戻し材等の用途に利用するには，循環資源利用先での重金属溶出を抑制しなければならない。**表-2.2.2** には，焼却灰の化学的性状の一例を示す。土壌環境基準が定められている項目の中で，基準を越える傾向に

表-2.2.2 都市ごみ焼却灰の化学的性状

成分	含有量 (mg/kg)	溶出濃度 (mg/L)	成分	含有量 (mg/kg)	溶出濃度 (mg/L)
Ca	184 000	633	Ti	195	0.02
Al	50 500	22.1	Sb	66	0.03
Fe	34 700	0.06	T-Cr	46	<0.01
Mg	12 600	0.02	Ni	45	<0.01
Na	9 640	138	Si	42	1.162
K	4 500	77.7	Li	28	0.07
Zn	1 630	0.262	Mo	11	0.03
Cu	1 620	0.496	V	9	0.13
Ba	561	1.677	Co	4	<0.01
Mn	494	<0.01	Cd	3	<0.01
Pb	459	0.488			
pH		12.4	含水率 (%)		29.3

ある重金属の一つに鉛が挙げられる。鉛の土壌環境基準値は，0.01mg/L以下とされている。

焼却灰の有効利用に際して問題となる鉛を不溶化させる技術として，焼却灰が有する次の性質を利用する技術を考案している。湿潤した焼却灰は，高アルカリ性を示すことから二酸化炭素を吸収する。その過程において，焼却灰から溶解した重金属と炭酸塩を形成し，重金属の溶出が低下する。この炭酸塩は，主に，焼却灰粒子の表面に皮膜を形成することから物理的にも溶出を抑制することとなる。さらに，焼却灰粒子の内部で炭酸化が進行すると，焼却灰粒子を緻密なものとし，単粒子強度の発現も期待される。**図-2.2.6**には，焼却灰(**表-2.2.2**)に流量を変えて二酸化炭素を通気したときの鉛溶出濃度の経時変化を示す。二酸化炭素を通気開始後，鉛の溶出濃度は大きく変化し，通気前の溶出濃度0.49mg/Lと比較して，2時間経過後には，RUN5は0.03mg/L，RUN6は0.01mg/Lにまで減少した。

実用に際しては，清掃工場の焼却炉排ガス中の二酸化炭素を利用することを提案し，実証を終えている。ごみ収集人口が10万人を超える都市が有する100トン/日以上の能力を有する清掃工場からは，時間当たり数万立方メートル規模の排ガスが排出され，排ガス中の二酸化炭素濃度はパーセントオーダとなっている。この排ガス中の二酸化炭素を，積極的に炭酸化処理に利用することは，大気への排出を抑制することにも繋がる。

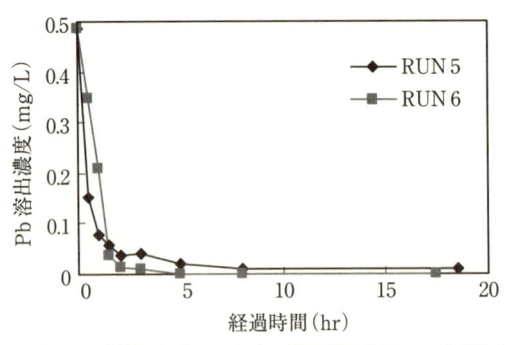

RUN5：0.45 mmol-CO_2/g-dry ash·hr，RUN6：0.15 mmol-CO_2/g-dry ash·hr

図-2.2.6　二酸化炭素の通気に伴う鉛溶出濃度の経時変化

b. 脱塩処理による焼却灰のセメント原料化

　セメント業界においては，セメント原料の廃棄物代替量を，セメント生産量1トンあたり400kgを目標として掲げている。セメントの年間生産量は，減少傾向を示しているが，セメント生産量の年間約6 000万トンに対して，焼却残渣の年間発生量は約600万トンであり，量的には，発生する焼却残渣を全量受け入れることも可能である。焼却残渣のセメント原料化で問題なるのは焼却残渣中の高濃度の塩素である。セメント中の塩素濃度が高いとコンクリート中の鉄筋が錆び，コンクリートの劣化に繋がる。セメントの塩素JIS基準0.035％に比べて，10～1 000倍程度の高濃度の塩素(焼却灰0.5～1.5％，飛灰10～20％)を含有している。塩素の由来は，プラスチック類，紙類，厨芥等であり，焼却処理に伴い濃縮され高濃度で焼却残渣に残存する。塩素はたやすく溶けるように思われるが，焼却残渣には全塩素に対して溶けない不溶性塩素が60～70％を占めている。焼却残渣をセメントの原料とするには，この不溶性塩素の割合を減少させことが求められる。焼却残渣中の塩素を，低コストで，簡易な技術で，脱塩するかが焼却残渣のセメント原料化の要である。

　焼却残渣には水に不溶性のフリーデル氏塩(Friedel's salt：$3CaO \cdot Al_2O_3 \cdot CaCl_2 \cdot 10H_2O$)が含まれているため，強制的に水洗を行っても，セメント原料としての好ましい塩素含有率0.1％以下に低下させることは困難である。そのような中，焼却灰に少量の有機物を混合することによって，有機物の中の硫酸イオン，炭酸イオンによりpHが低下し，たやすく不溶性塩素が分解され，可溶化することを見出した。この現象を焼却灰の脱塩技術として取り込み，図-2.2.7に示す大型のライシメータに，焼却灰に生ごみコンポストを混合した試料を充填し，約1年間で塩素含有量を0.1％までに低下さることができることを実証した。

　具体的には，廃棄物埋立地内の一部を利用して，清掃工場から運搬されてきた焼却灰と有機物，例えば生ごみコンポストを混合し，不溶性塩素を可溶化させて，雨水や散水によって塩素を洗い出すことを考えている。所定の塩素濃度($Cl < 0.1$％)まで脱塩させた焼却灰を掘削し，セメント工場へ運搬し，セメント原料として有効利用することを考えている。脱塩された焼却灰の掘削に伴い埋立地には新たな空間が蘇る。その空間を再度利用して，新たな焼却灰の脱塩を繰り返し行う。この埋立地を「循環型資源化基地(Recyclable Landfill System)」と呼んでいる。現在，実用化めざし，自治体の協力のもと，本技術を改めて実証する

1：大型ライシメータ（直径φ1.2m，高さ4.0m）
2：脱塩のための人口散水　3：充填焼却灰の採取状況

図-2.2.7　大牟田エコタウンにおける都市ごみ焼却灰の脱塩実証試験

機会を模索している。

2.3 鉱物資源とその循環

2.3.1 鉱物資源とは

　鉱物資源とは，人類の利用する天然資源のうち鉱物からなるものの総称であり，広義には金属・非金属・化石燃料・地下水等を含む地下資源・地球資源の総称であるが，ここでは狭義の金属・非金属資源を意味する言葉として用いる。本節では，その中でもとくに金属資源について，その生成環境と布存状況を述べ，布存状況の偏りから生ずる問題を取り上げる。

　金属は人間社会に欠かすことのできない材料であり，工業製品，住宅，道路や橋などの社会基盤とその用途は枚挙に暇がない。このように人間社会において利用された金属は，また，盛んに循環利用されている。本節では金属の循環利用について，その意義と現状についても取り上げる。

2.3.2 鉱物資源の生成と布存状況

(1) 鉱床の生成と分類

地球はいくつかの層が重なった成層構造を持つが，地表から30～40km程度（大陸部）までの部分を地殻と呼び，地殻の中で特定の鉱物が濃密に集まっている（濃集している）部分を鉱床と呼ぶ。周辺の地質学的環境によりさまざまな種類の鉱床が生成し，それぞれ異なった鉱物資源を産出する。鉱床は成因により大きく堆積系鉱床，マグマ系鉱床，変成鉱床に分けられる（渡辺，岩生，1959）。

堆積系鉱床には，有用鉱物を含む岩石が風化して砂や礫となりその場に集まったもの（風化残留鉱床）や移動して集まったもの（機械的堆積型鉱床），海水などに溶け込んでいた金属が沈殿することで集まったもの（化学的沈殿鉱床）などが含まれる。アルミニウムの多くはボーキサイト鉱床と呼ばれる風化残留鉱床から得られ，鉄の多くは縞状鉄鉱床と呼ばれる化学的沈殿鉱床から得られる。マグマ系鉱床には有用金属を含んだマグマが冷え固まる際に金属が集まったもの（正マグマ鉱床）やマグマに含まれていた水や，マグマによって温められた周囲の地下水の中に金属元素が溶かし込まれ，その後沈殿して集まったもの（熱水鉱床）などが含まれる。ニッケルやクロムの多くは正マグマ鉱床から得られ，銅の多くは斑岩銅鉱床と呼ばれる熱水鉱床から得られる。変成鉱床とはいったんできた岩石がその後，異なった温度や圧力に曝されることで岩石を形づくる鉱物の組合わせが変化する過程（変成作用）のなかで金属元素が集まったものであるが，鉄やマンガンの一部はこのような鉱床から得られている。

(2) 鉱床の生成時代と布存状況

鉱床は各種の地質活動に伴って生成されるため，その活動がいつ，どこで起きたかにより現在の位置が決まる。図-2.3.1に金属鉱床の分布（布存状況）の例を示す。鉄（Fe）鉱床の分布に着目すると，オーストラリア大陸の西部や南米大陸東部等にBIF（Banded Iron Formation，縞状鉄鉱床）と呼ばれる鉱床が見られる。これらは堆積系鉱床の一種であり，このタイプの鉱床が世界の鉄資源の90％以上を供給している。その多くは25～18億年前に，海中で光合成を行う生物が発生し，それまで海水中に溶け込んでいた鉄が酸化され，当時の海底に沈殿したことで形成されたと考えられている。その後，地球の表面を覆う地殻が数億年という時間をかけてゆっくりと移動することで，現在見られる布存状況となった。こ

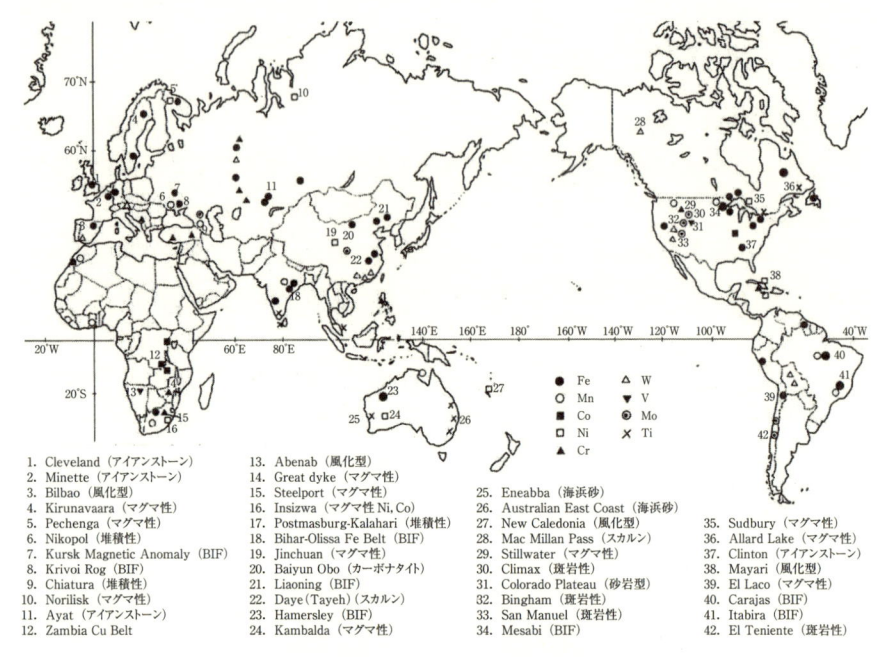

図-2.3.1 鉄鉱床の分布，地学団体研究会（1996）

のように，我々が資源を得ている鉱床のほとんどは人類の誕生の遥か前に生成したものである。鉱物資源の鉱床はある特定の時代に出現した，特定の環境において生成されるが，鉱床は地殻とともに数億年という時間をかけて移動することで地球上での分布が決まる。このため，鉱物の種類により著しく偏った分布を示すこととなる。

2.3.3 鉱物資源をめぐる問題

(1) 資源の枯渇と需給関係

現在の文明社会は多様な天然資源を利用することで成り立っている。しかし，前項で述べたように，これらの資源は地球の歴史の中で出現した，ある特定の地質学的環境で生成したものであるため，その埋蔵量は限られたものとなっている。

1970年代初頭，ローマ・クラブは銅，鉛，金などの金属は30年から40年程度で枯渇の危機を迎えるという予測を発表した。しかし，2000年代後半の今，埋

蔵量に対する見通しは厳しくなりつつあるものの限界に達するまでには至っていない。これは埋蔵量というものが時とともに変わっていくためである。

埋蔵量(埋蔵鉱量)とは，資源の量をあらわす分類の一つであり，**図-2.3.2**に示すようにある鉱物が存在することの「地質学的確かさ」と採掘時の「経済性」が十分である資源量と定義されている。したがって，ある鉱物の十分な量の存在が確認されていても経済的に採掘を行うことができなければ，埋蔵量としては扱われない。しかし，技術の進歩や鉱物の価格上昇等により，図中で「准埋蔵鉱量」として定義されている資源が経済的に採掘できるようになれば，埋蔵量として扱われることとなる。また，資源の存在することの地質学的確かさは，探査の進行状態に依存しているため，資源探査の進展により新たに資源の存在が確認されれば，埋蔵量が増えることとなる。資源の探査には経済的リスクを伴うため，探査の進展自体が対象となる資源の価格に依存している。つまり，資源の埋蔵量はその価格に影響を受けることで変化する値である。このため資源の枯渇を論じる際に，ある時点での埋蔵量のみを基準とすることは不十分であり，対象とする資源の需給関係や，周辺技術の進展状況等を考慮しなければならない。

需要の増加に伴い，これまで採掘の対象とされなかった資源が採掘される場合，対象となる鉱床はより地下深くのものや，品位の低いもの，奥地に存在するものとなることが多い。したがって，採掘にはより多くの費用が必要とされ，このことが資源の価格上昇や環境の破壊に繋がる可能性を持っている。

20世紀以降，世界の金属消費量は増加の一途をたどっているが，とくに1990年代以降，これまで比較的消費量の少なかった発展途上国や社会主義国での消費

累積生産量 Commulative production	既知資源量 Identified resources			潜在資源量 Undiscovered resources	
	確 認 Demonstrated		予 測 Inferred	確からしさの程度 Probability range	
	精 測 Measured	概 測 Indicated		仮定 Hypothetical	推測 Speculative
経済的 Economic	埋蔵鉱量　Reserves		予測埋蔵鉱量 Inferred reserves		
准経済的 Marginally economic	准埋蔵鉱量　Marginal reserves		予測准埋蔵鉱量 Inferred marginal reserves		
経済界限下 Subeconomic	確認経済界限下資源量 Demonstrated subeconomic resources		予測経済界限下資源量 Inferred subeconomic reserves		
その他の産出	非在来型および低品位物質　nonconventional and low-grade materials				

図-2.3.2　鉱物資源の埋蔵量，地学団体研究会(1996)

量の増加が著しい。これは発展途上国が工業化を押し進め、また、社会主義国が市場経済型へ政策を転換したことに加え、これらの国を中心として世界人口が爆発的に増加しているためである。このような需要の増加のため、現在、金属の価格は飛躍的に上昇している（**図-2.3.3**）。

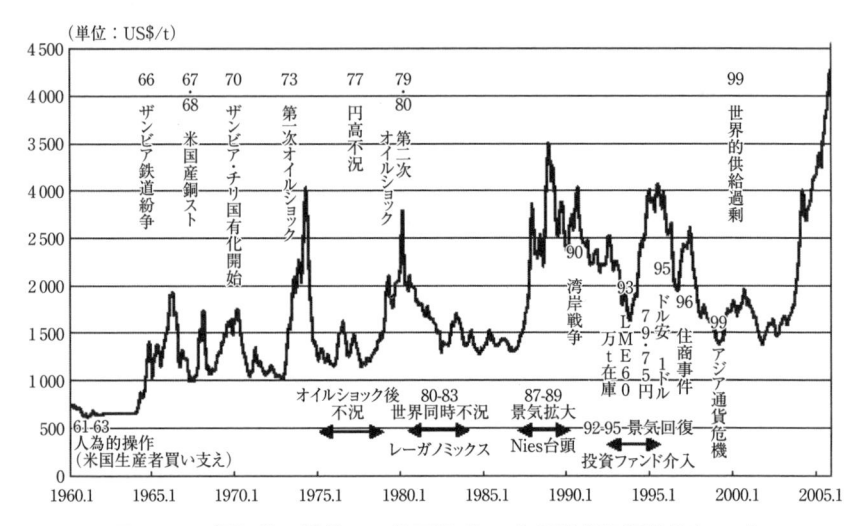

図-2.3.3 銅価格の推移，石油天然ガス・金属鉱物資源機構（2006）

鉱物資源はエネルギー資源や森林資源と異なり、人間の手で新たにつくり出すことはできないため、限られた埋蔵量の資源をこれまでの先進工業国に加え、新たに工業化、市場経済化した国々で奪い合う状態となっている。このため、資源をめぐる生産国と消費国、および消費国同士の対立はこれまで以上に深刻なものとなりつつある。しかし、2.3.4項で述べるように鉱物資源については、循環利用が他の資源と比べ比較的容易であり、また実際に盛んになされていることを忘れてはならない。このため、循環利用された資源の需給が、天然資源の需給に大きな影響を与えている。

（2）開発と環境

鉱石を地下から掘り出すためには、地表から鉱床に向かう坑道を掘り進めていかなければならない。この過程で多くの場合、地表の森林等をある程度伐採し、坑道への出入り口や通気、排水等の施設を設けなければならない。地下の鉱床や坑道から汲み上げた水は、地表を流れる水と比較して、重金属や硫黄や砒素等を

多く含むことが多い。また，鉱石には有用な金属のほかに廃石（ズリ）と呼ばれる部分が多く含まれている。廃石は多くの硫黄や砒素等を含み，地表では酸化により雨水等に溶け出やすい状態となる。このため，これらを取り除くための水処理施設を設け，地表の河川等への流入を防がなければならず。これを怠った場合，「鉱害」が発生することとなる。このように，鉱物資源の開発においては環境へのダメージを与える危険性がいたるところに存在しており，しばしば問題を引き起こしてきた。これを防ぐには，適切な法整備と企業倫理が必要とされる。日本では過去に鉱害が大きな社会問題となった経緯があり，現在では十分な管理が行われている。しかし，諸外国においては不十分な管理により河川の汚染や住民の健康被害が現在も続いている例が少なくない。

次項で述べる循環利用においても，適切な管理が必要とされることは同様である。しかし，すでに地表にあり，社会で利用されてきた物質を対象とするため，地下からの採鉱に伴う環境へのダメージを防ぐことができる点において重要な意義を持つといえる。

2.3.4 鉱物資源の循環

(1) 循環利用の意義

金属資源を廃棄物から回収し循環利用することは，天然資源の枯渇を防ぎ，有害金属を含む廃棄物による環境汚染を防ぐために重要な対策である。天然の金属資源は人間の手で生産することはできない。しかし，金属は元素であり，人間が一度利用した後も消滅するわけではない。むしろ，人間が利用することにより特定の場所・製品に集まってくるという特徴を持っている。

現在の日本は天然の金属資源のほとんどを海外からの輸入に頼っている。これは，日本における金属資源の埋蔵量が十分でないことと，これを採掘するための費用が海外に比べ割高であるためである。しかし，金属系廃棄物を鉱石とみなせば，日本の都市は巨大な鉱山といえる。金属スクラップは天然の鉱石と比較して高濃度に有用金属を含んでいるため，金属系廃棄物から有用金属を回収するのに必要なエネルギーは天然の鉱石からの回収と比較すると，一般に数分の一から数十分の一程度である。このため，金属資源の循環利用は経済的にも十分に見合う行為といえる。

また，海外からの輸入に関しては，生産国や輸入航路にあたる国の国内事情

や，日本との国際関係，さらには他の消費国の需要拡大という問題を常に考慮しなければならない。この点においても金属系廃棄物は国内に「貯蔵」されているため，安定した供給が期待できる資源とみなすことができる。

さらに，先に述べた使用に伴う環境へのダメージの小ささも無視することのできない点である。環境へのダメージが少ないことそれ自身が有意義であることに加え，環境対策にかかる費用が小さいことも循環利用を押進める理由の一つとなっている。

(2) 金属資源の循環利用技術

金属を廃棄物から回収するためには，多くの場合，廃棄物を破砕，分別することで目的とする金属の集中した部分を取り出さなければならない。分別後，金属の集中した部分は，電気炉等を用いて精錬され，ふたたび金属原料として市場に供給されることとなる。天然の鉱物資源は，採鉱，選鉱，精錬（精製）という過程を経て金属原料となるが，循環利用においては採鉱は廃棄物の回収に，選鉱は廃棄物の破砕と選別に対応している。これらの過程に用いられる技術は，天然の鉱物資源の処理に用いられる技術を応用したものが多く，従来，天然資源の開発や処理を行ってきた企業や技術者の果たす役割が大きなものとなっている。また，一方で金属スクラップにはプラスチックとの混在などの天然鉱石にない特徴を持っている。これを処理するために新しい技術の開発が盛んに行われている。

a. 破砕・分別システム

廃棄物再資源化のための破砕と分別は，対象となる廃棄物の種類ごとに組み合わされシステムとして運用されている。例えば，家電製品は常温で破砕された後，磁力選別機により磁性物と非磁性物に分別される。その後，磁性物は低温破砕によりさらに細粒とされ，これを再度磁力選別機にかけることにより鉄を多く含む粒子と銅を多く含む粒子に分別される。また，非磁性物は渦電流を用いた分別装置によりアルミニウムを多く含む粒子とプラスチックを多く含む粒子とに分別される。

b. 破砕技術

自動車スクラップや粗大ゴミは，見かけの体積が大きいものの空隙が多いため，破砕することにより密な状態となり，寸法も小さくなるため運搬に適した状態となる。また，廃棄物は一般に複数の材料が複合した構造となっているが，これを破砕することで粒子の多くの部分を単一の材料が占める状態とすることがで

きる。これらの粒子を材料ごと，あるいは粒径ごとに分別することにより，その後の資源化処理に適した状態とする。

破砕処理に用いられる装置には，回転式，往復動式，圧縮式がある。回転式破砕機は，高速でハンマーを対象物に打ち当てることによる衝撃作用による方式と，刃によって対象物を押し切ることによるせん断作用による方式がある。往復動式もせん断作用による破砕方式であり，圧縮式はコンクリートやガラス等を圧縮して脆性破壊する方式である。

家電製品や自動車にはゴムなどの破砕が困難な材料が多く用いられている。また，塊状の金属製品も破砕に大きなエネルギーを必要とする。このような場合，液体窒素等を用いて対象物を冷却し，対象物が脆性を示す状態として破砕する，低温破砕法が用いられることがある。

c. 分別技術

破砕された廃棄物は異なる材質の粒子が混合した状態となっている。これらの粒子の比重・粒径・形状・磁性等の特性の差を利用して分別することにより，有用な成分を回収する。

ふるい式分別装置は粒径の違いにより分別する装置であり，破砕時に廃棄物を構成する材料ごとに粒径に差ができる際に有効である。磁力選別装置は粒子の持つ磁性の違いにより分別する装置で鉄などを含む粒子を分別することができる。風力分別装置は対象粒子の空気に対する抵抗の違いを利用して分別を行う装置である。空気とともに粒子を装置内に送り込むと，粒子の形状大きさが同一ならば比重の大きなものが先に落下するため，これらの粒子を分別することができる。

d. 精錬技術

金属スクラップの多くは再溶融され，二次合金として用いられる。鉄スクラップの多くは電気炉により溶融され，鋳造，圧延を経て製品となっていく。電気炉は鉄スクラップ等の冷えた固体状の鉄のみを原料とすることができ，電力によりアークを発生させその熱で鉄を溶融させるアーク炉が多く用いられている。重金属のリサイクルにおいては，多種の重金属が混合した廃棄物を対象とすることが多くあり，このような場合，沸点の低い塩化物を形成させた後，これを揮発させて回収を行う塩化揮発法が用いられる場合がある。

(3) 金属資源の循環利用状況

循環利用に関連する法規や，包括的なマテリアルフローについては，2.1およ

び2.2節に詳しく説明されているため，ここでは主要な金属の循環について概要を述べる．各金属の利用状況については，独立行政法人 石油天然ガス・金属鉱物資源機構が，詳細な調査を行っている．この章の末部の文献等を参照していただきたい．

a. 鉄の循環利用

鉄は人間社会においてもっとも多量に利用されてきた金属である．鉄を多く含む廃棄物にはさまざまな鉄鋼製品が社会で利用された後に回収された物のほか，鉄鋼製品の製造過程や加工過程で発生したものが含まれる．鉄鋼製品はその用途により多様な形状や大きさ，品位を持つため，これらに対し日本工業規格（JIS）等が設けられ循環利用が行われている．

建築物の鉄骨等は解体・切断され，鉄くずとして回収される．自動車や家電製品などの複数の材料からなる製品から鉄を回収する場合には解体のほか破砕と選別が必要となる．飲料缶等は選別された後，鉄くずとして回収される．

このようにして分別された鉄くずは製鋼原料や鋳物原料として用いられる．電気炉で溶解するためには大きさ重量の調整のほか，不純物の除去が必要とされ，塗料の剥離等の前処理が行われている．溶鉱炉において分離が困難な元素（銅，錫，ニッケル，クロム等）が混入した場合には，再生された鉄鋼製品は低グレード製品として位置付けられる．

b. アルミニウムの循環利用

アルミニウムは鉄に次いで多量に利用されている金属である．アルミニウムを鉱石から精製する際には，鉱石に含まれる酸化アルミニウムを融解塩電解することで単体のアルミニウムを得るが，この際にきわめて大きな電力を必要とする．このため，アルミニウムの地金は輸入に依存している．これに対し，アルミニウム缶などの廃棄物からリサイクルする際には，鉱石からの処理の3％程度のエネルギーで地金を生産できるため，循環利用の盛んな金属となっている．

缶のプレスくず，サッシ古くず，アルミニウム製品製造時の削りくず等として回収されたアルミニウムを多く含む廃棄物は，重液を用いた比重選別や磁力選別のほかに，渦電流選別機と呼ばれる，磁場内を移動する導電物質内に生じる，渦電流と元の磁場とは逆向きの磁場による反発力を利用した選別機等を用いてアルミニウム部分が選別される．このようにして選別されたアルミニウムは二次地金の製造に用いられる．二次地金は不純物を含むため，鉱石から精製された新地金

と混合されて，主に鋳物やダイカストの製造に用いられる。飲料用のアルミ缶は回収後，二次地金を経てふたたびアルミ缶として循環利用するためのシステムが確立しているため，リサイクル率は86.1％（平成17年）と大きな値となっている。また，二次地金がアルミニウムの総需要に占める割合は約40％に達している。

c. 銅の循環利用

日本における銅の用途はその60％を電線が占めている。この結果として，回収，循環利用される銅も，その多くが電線に由来している。回収された電線は被覆を取り除き，破砕された後，精錬所や電線工場等に戻される。これらの工場では再溶融を行い，銅製品の原料としている。鉄道や公共工事により排出された廃電線はほぼ全量が循環利用されている。建築物の解体に伴う廃電線や自動車や電化製品に用いられた電線も回収され，それぞれ約70％および50％が循環利用されている。

d. 鉛の循環利用

重金属の例として鉛の循環利用について述べる。鉛の用途は自動車用バッテリー等の蓄電池が80％を占めている。このため，鉛の循環利用においては蓄電池の占める重要性が高く，循環利用のシステムが確立されている。回収後は，電気炉等を用いて再生され，リサイクル率は95％以上となっている。そのほかには，テレビのブラウン管等の管球ガラスや，家電品の基盤等のはんだ，顔料，塩化ビニルの安定剤等に用いられている。このうち管球ガラスについてはリサイクルシステムが確立されているが，顔料や塩化ビニルに含まれる鉛は，家庭ごみなどの廃棄物として処理されている。このため，これらの廃棄物を焼却処理した後の灰には0.01～0.1％程度の鉛を含むものがあり，これらの鉛の除去や安定化が課題となっている。

2.3節のまとめ

鉱物資源は地質学的プロセスにより形成され，偏った分布を示す。このため，その利用には資源そのものの存在量の問題に加え，国際的な利害関係に大きく影響を受ける。したがって，人間社会により利用された金属を循環利用することは，資源開発に伴う環境リスクを低減するだけでなく，経済的なリスクを低減する効果が大きい。このため，金属製品は他の製品と比較して，循環利用が盛んに行われている。金属スクラップの再生過程においては，天然の鉱石の処理に由来

する技術が多く用いられている一方，より効果的な技術の開発が続けられている。

2.4 建設生産における資源循環

2.4.1 建設生産の特殊性と資源循環

　建設産業から排出される廃棄物の量は，全産業の約2割を占める。発生量が多く，またその生産構造の特異性から，これらのリサイクルにおいて特有の障害を有する。しかしその反面，使用する膨大な資材の製造過程で副産物が原・燃料として大量に利用されており，今後も質・量の両面で向上することが期待される。本節では，建設生産における資源循環の現状と課題について述べる。

　図-2.4.1に，資源循環に及ぼす建設生産の特殊性を一般の工業生産の場合と比較して示している。まず，一般の工業生産では同一の製品が大量生産されるのと比較して，建設生産は基本的に一品生産型である。例えば建築の場合，まったく同じ建物は他に存在せず，その建物ごとに設計がなされ施工される。設計は建物

一品生産 （⇔大量生産）	⇨	廃棄物/副産物の種類や量が一定しない
多くの種類の 材料を使用	⇨	通常の産業廃棄物/副産物よりも排出箇所あたりの 種類が多くなる
現場生産 （⇔工場生産）	⇨	廃棄物/副産物の発生場所が一定しない， その場限りの生産組織
生産組織が 流動的	⇨	体系的なリサイクルのシステムをつくりにくい
量の割に 安価な材料 を使用	⇨	輸送コストの比率が大， 採算の範囲で運べる距離が短い
材料を 大量に使用 ・ ・	⇨	廃棄物/副産物の量も膨大， 一方で副産物を原・燃料として大量に受入可能

　　図-2.4.1　一般の工業生産と比較した場合の建設生産における資源循環の特異性

2.4 建設生産における資源循環

の目的，用途，施主の要望，土地の地理的，気象的制約などにより当然異なったものとなる。分譲住宅などで基本設計が同じ場合でも，それぞれの個性を出すために，また顧客の要望にあわせて細部はかなり異なることが多い。このことは廃棄物/副産物の種類や量が建物ごとに変動することを意味し，資源循環の面からはマイナス側の要因となる。産業廃棄物/副産物の場合は同一発生箇所で発生する廃棄物/副産物の種類は少なく，量が多いのに対し，一般廃棄物/副産物は種類が多く，量は少ない特徴がある。建築廃棄物/副産物は産業廃棄物/副産物の一種であるが，とくに仕上げ材料として多種多様な材料を用いるため，同一発生箇所における種類は他の産業廃棄物/副産物と比較すると多くなる。また，生産が行われる場所は工場ではなく建設現場であり，一時的なものとなる。このことは廃棄物/副産物の発生場所が変動することを意味する。同様に建設のための組織もその工事ごとに構成される。これらにより，体系的な資源循環の態勢を構成しにくく，廃棄物/副産物の物流面からも不都合であり，資源循環の面からやはりマイナス要因となる。このことは責任の所在が一時的で曖昧なものとなりやすいことも意味し後述の不法投棄に占める建設廃棄物の割合が高いこととも関連しているものと思慮される。

つぎに，建設物は一般の工業製品よりもサイズが大きく，したがって大量の資材が必要である。そのため，多くの建設材料は体積（あるいは質量）のわりに安価な場合が多く，バージン材料であっても材料費に占める輸送コストの割合が高い。再利用する際にはこのことがさらに深刻な障害となる。例えば，リサイクル材料を採算のとれる範囲で輸送できる範囲が限定されてしまう。

一方，上記のように一件あたりの資源使用量が大きいため，新築時の廃棄物/副産物の発生量も大きくなるが，解体時の廃棄物/副産物の発生量はさらに膨大となり，建設廃棄物の総量は図-2.4.2に示すように全産業廃棄物の約2割を占める。このことは，すべての建設廃棄物/副産物が再利用されることなく最終処分されると膨大な処分場が必要となることを示す。同図に示すように最終処分場が逼迫していることを考慮すれば，リサイクル率を向上させることは不可欠な状況である。一方，後に述べるように建設廃棄物/副産物に占める金属類，掘削による発生土，アスファルト，コンクリート，木材の占める割合は高く，有価物である金属をはじめとして，再利用が技術的にも比較的容易なものが多い。このことは資源循環の面からプラス側の要因となる。また，建設において大量の資材を投

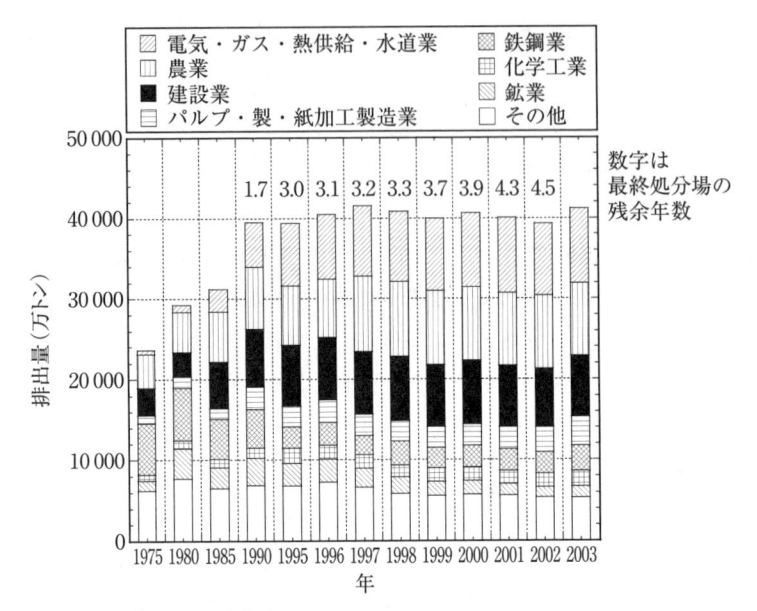

図-2.4.2 産業廃棄物の発生量の推移

[出典] 環境省データより作成

入することは，関連する産業も含めて考えた場合，他の産業からのものも含めて大量の副産物を建設資材製造時の原材料や燃料として受入れ可能であることを示している。例えば後述するように，セメント業界では，フライアッシュ，高炉スラグ，廃タイヤ，廃油など多産業で生じた多くの副産物を原料や燃料として活用している。このように建設関連産業では産業廃棄物/副産物全体でみたときの資源循環に大きく貢献することができる。

このように建設生産においては資源循環に関して，多くのマイナス要因と，相反するプラス要因を内包している点に特徴があり，マイナス要因に関しては種々の配慮が必要であり，解決すべき課題も多いが，一方でプラス要因に関してはさらなる活用の向上が望まれる。つぎに資源循環に関する法律の枠組みを建設生産の面から述べる。

2.4.2 建設リサイクル法と資源循環

　我が国の環境政策の根幹をなす法律として，従来から存在した公害対策基本法や自然環境保全法を再編する形で，環境基本法が1993年に公布・施行された。同法では，環境保全の基本理念として，現在だけでなく将来の世代の人間が環境の恵沢を享受しなければならないこと，すべての者の公平な役割分担のもとに環境への負担の少ない持続可能な社会が構築されるべきこと，国際的協調が不可欠であることが述べられている。2000年に公布，施行された，循環型社会形成推進基本法では，「循環型社会の形成に関する施策を総合的かつ計画的に推進」するための理念や方策が示された。具体的には，事業者・国民の「排出者責任」と生産者の「拡大生産者責任」(Extended Producer Responsibility, EPR)，政府が「循環型社会形成推進基本計画」を策定することなどが規定され，処理の優先順位が発生抑制，再使用，再生利用，熱回収，適正処分の順であることが示された[24]。なお，同年は循環型社会元年と位置づけられた。

　同年に改正された資源有効利用促進法では，建設業が再生資源または再生部品の利用が求められる「特定再利用業種」に指定された。建設業において，多くの再生資源が使用されていることは先に述べたとおりである。また，再生資源としての利用促進が求められる「指定副産物」として，「建設業の土砂，コンクリート，アスファルト・コンクリートの塊」が指定されている。2006年に最終改正された廃棄物処理法では，産業廃棄物としての建設廃材が位置づけられ，その適正な分別，保管，収集，運搬，再生，処分等が規定されている。

　これらを受ける形で，物品ごとのリサイクルを規定した法律が**図-2.4.3**のように制定された。**表-2.4.1**は，建設リサイクル法を含めた各種のリサイクル法の比較を示している。建設リサイクル法は，一定規模以上の工事を対象に，登録された解体業者が，新築工事や解体工事で発生するコンクリートがらやアスファルト，木材などの特定建設資材廃棄物の分別と再資源化を義務づけたものである。国土交通省は本法律をもとに建設工事からの廃棄物の発生抑制と再利用化を進め，次項に示すような効果を挙げている。

```
1993.11.19 公布・施行
┌─────────────┐
│  環 境 基 本 法  │
└─────────────┘
       │ 環境保全の基本理念
       ↓      2000.6.2 公布・施行
┌─────────────────────┐
│ 循環型社会形成推進基本法 │        平成12年度を「循環型社会元年」
└─────────────────────┘
```

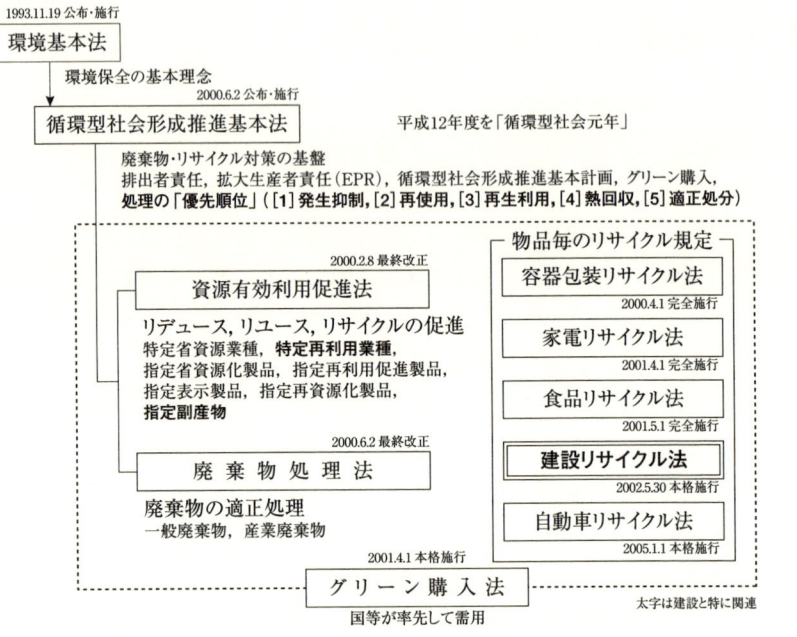

廃棄物・リサイクル対策の基盤
排出者責任，拡大生産者責任(EPR)，循環型社会形成推進基本計画，グリーン購入，
処理の「優先順位」([1]発生抑制, [2]再使用, [3]再生利用, [4]熱回収, [5]適正処分)

┌─ 物品毎のリサイクル規定 ─┐

                    2000.2.8 最終改正
┌─────────────┐   ┌─────────────┐
│ 資源有効利用促進法 │   │ 容器包装リサイクル法 │
└─────────────┘   │   2000.4.1 完全施行 │
リデュース，リユース，リサイクルの促進 └─────────────┘
特定省資源業種，**特定再利用業種**，
指定省資源化製品，指定再利用促進製品， ┌─────────────┐
指定表示製品，指定再資源化製品，   │ 家電リサイクル法 │
指定副産物   │   2001.4.1 完全施行 │
                          └─────────────┘
                    2000.6.2 最終改正
┌─────────────┐   ┌─────────────┐
│ 廃 棄 物 処 理 法 │   │ 食品リサイクル法 │
└─────────────┘   │   2001.5.1 完全施行 │
廃棄物の適正処理   └─────────────┘
 一般廃棄物，産業廃棄物
                          ┌─────────────┐
           2001.4.1 本格施行   │ **建設リサイクル法**│
┌─────────────┐   │   2002.5.30 本格施行 │
│ グ リ ー ン 購 入 法 │   └─────────────┘
└─────────────┘
 国等が率先して需用   ┌─────────────┐
                          │ 自動車リサイクル法 │
                          │   2005.1.1 本格施行 │
                          └─────────────┘
                              太字は建設と特に関連

図-2.4.3　リサイクル関連の法律と建設リサイクル法

表-2.4.1　各種リサイクル法の比較一覧

	何を	誰が	どうする
容器包装	容器包装（ガラス製容器，PETボトル，紙製，プラスチック製容器包装）	消費者	分別排出に協力
		製造業者	再商品化
家電	家電4品目（エアコン・テレビ・冷蔵庫・洗濯機）	消費者	引渡，費用負担（廃棄時）
		小売店	引取り
		メーカー	再商品化
食品	食品関連事業者（製造，流通，外食等）から発生する生ごみなどの食品廃棄物	食品関連事業者	飼料や肥料として再生利用
建設	対象建設工事における特定資材（コンクリート，アスファルト，木材）	発注者	費用負担・促進
		建設業者	発生抑制と再生材使用
		解体業者	分別解体と再資源化
自動車	シュレッダーダスト，フロン類，エアバッグ類	消費者	引渡，費用負担（購入時）
		関連事業者	引取，抜取，解体等
		メーカー	引取，リサイクル

2.4.3 建設副産物のリサイクルの現状と課題

(1) 建設廃棄物の分類

図-2.4.4 に，先に述べた廃棄物処理法における各種廃棄物の分類を示す。また，図-2.4.5 に国土交通省における建設廃棄物の分類を示す。

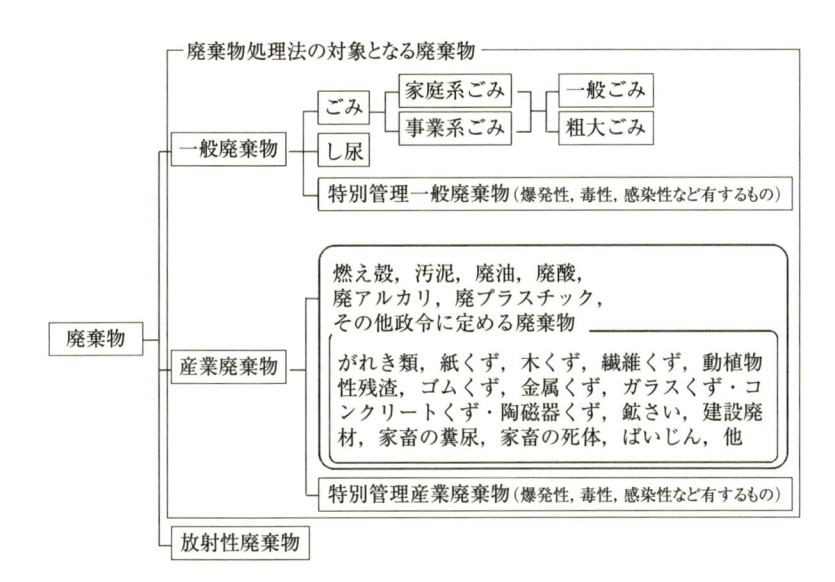

```
廃棄物処理法の対象となる廃棄物
                ┌─ ごみ ─┬─ 家庭系ごみ ─┬─ 一般ごみ
                │        │              └─ 粗大ごみ
      ┌─ 一般廃棄物 ─┤        └─ 事業系ごみ ─┘
      │         └─ し尿
      │         └─ 特別管理一般廃棄物（爆発性,毒性,感染性など有するもの）
      │
廃棄物 ─┤         ┌─ 燃え殻，汚泥，廃油，廃酸，
      │         │   廃アルカリ，廃プラスチック，
      │         │   その他政令に定める廃棄物
      ├─ 産業廃棄物 ─┤
      │         │   がれき類，紙くず，木くず，繊維くず，動植物
      │         │   性残渣，ゴムくず，金属くず，ガラスくず・コ
      │         │   ンクリートくず・陶磁器くず，鉱さい，建設廃
      │         │   材，家畜の糞尿，家畜の死体，ばいじん，他
      │         └─ 特別管理産業廃棄物（爆発性,毒性,感染性など有するもの）
      │
      └─ 放射性廃棄物
```

図-2.4.4 廃棄物処理法における廃棄物の分類

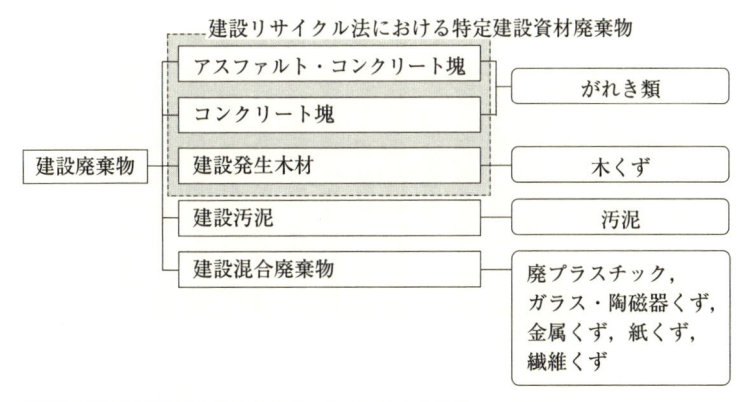

```
                  建設リサイクル法における特定建設資材廃棄物
                  ┌──────────────────────────┐
                  │ アスファルト・コンクリート塊  │─┐
                  │                          │ ├─ がれき類
                  │ コンクリート塊            │─┘
建設廃棄物 ─┤     │                          │
                  │ 建設発生木材              │── 木くず
                  └──────────────────────────┘
            ├─ 建設汚泥 ─────────────────── 汚泥
            │
            └─ 建設混合廃棄物 ─── 廃プラスチック，
                                 ガラス・陶磁器くず，
                                 金属くず，紙くず，
                                 繊維くず
```

[出典] 国土交通省のリサイクルホームページより作成

図-2.4.5 国土交通省における建設廃棄物の分類

建設廃棄物は主として，道路で使用されていたアスファルト・コンクリート塊，鉄筋コンクリート構造物などに用いられていたコンクリート塊，木造構造物や建物内装に用いられていたり工事で使用された木材などがあり，この他に，基礎工事で発生する汚泥や，主として仕上げの解体により生じる混合廃棄物がある。

アスファルト・コンクリート塊，コンクリート塊，建設発生木材は再利用が技術的にも比較的容易であり，後に示すように再利用の割合も急速に上昇している。一方，汚泥や建設混合廃棄物の再利用率は依然低い。

(2) 建設廃棄物の排出量と処理状況

本節では廃棄物の発生量の傾向と，その中に占める建設廃棄物の割合，建設廃棄物に関する3Rの成果を述べる。

図-2.4.6に示すように廃棄物の総排出量は，2003年度で，一般廃棄物のうち，ごみ5 161万トン，産業廃棄物が約4億1 162万トン（いずれも環境省データ）で，計4億6 323万トンに達する。産業廃棄物の排出量はこの10数年間ほぼ横ばいとなっており，**図-2.4.7**に示すように再生利用量は若干ではあるが年々増大する一方で，減少最終処分量は着実に減少している。ただし，先の**図-2.4.2**に併記したように，最終処分場の残余年数は2002年度で4.5年と，増加傾向ではあるものの依然として短い。

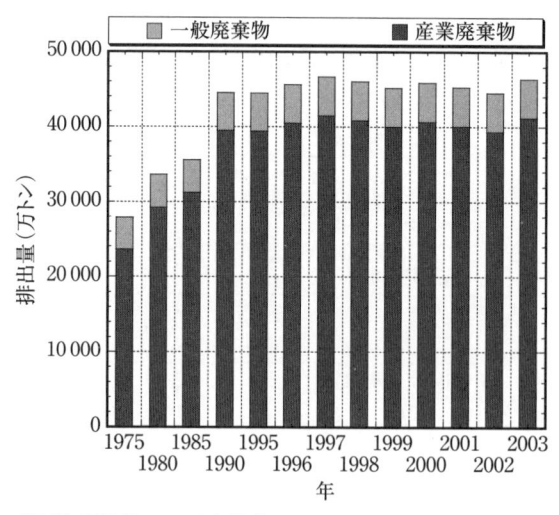

［出典］環境省データより作成

図-2.4.6 廃棄物の発生量の推移

2.4 建設生産における資源循環

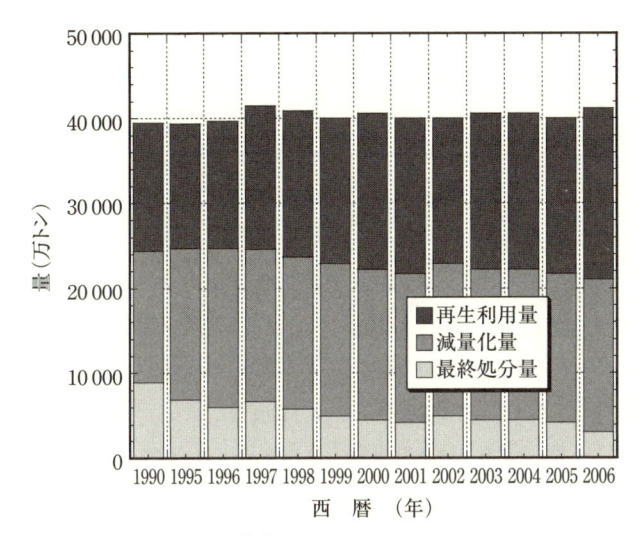

[出典] 環境省データより作成

図-2.4.7 産業廃棄物における再生利用量，処分量等の推移

先の図-2.4.2や図-2.4.8に示すように，建設業から排出される産業廃棄物の量は，全産業廃棄物量の1/5近くを占める。また図-2.4.9に示すように廃棄物の種類別ではがれき類が約1/7を占める。

図-2.4.10に2005年度の建設廃棄物の品目別排出量を示す。建設リサイクル法に基づく特定建設資材廃棄物のコンクリート塊，アスファルト・コンクリート塊，

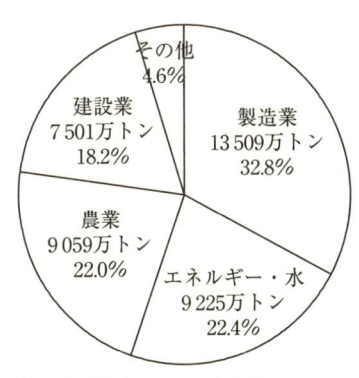

[出典] 環境省データより作成

図-2.4.8 産業廃棄物の業種別排出量 2003年度

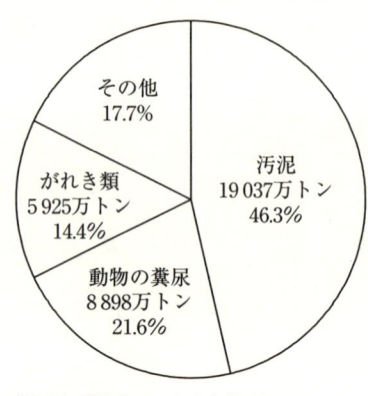

[出典] 環境省データより作成

図-2.4.9　産業廃棄物の種類別排出量2003年度

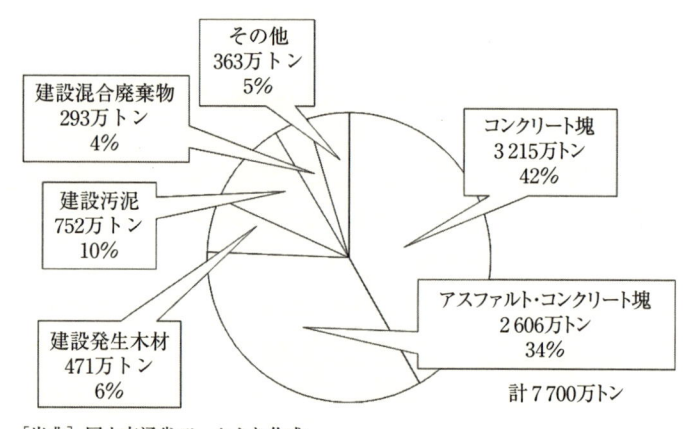

円グラフ：
- 汚泥　19 037万トン　46.3%
- 動物の糞尿　8 898万トン　21.6%
- がれき類　5 925万トン　14.4%
- その他　17.7%

[出典] 国土交通省データより作成

図-2.4.10　建設廃棄物の品目別排出量（2005年度）

円グラフ：
- コンクリート塊　3 215万トン　42%
- アスファルト・コンクリート塊　2 606万トン　34%
- 建設汚泥　752万トン　10%
- 建設発生木材　471万トン　6%
- 建設混合廃棄物　293万トン　4%
- その他　363万トン　5%
- 計7 700万トン

建設発生木材で建設廃棄物全体の8割を超える。

　図-2.4.11に建設廃棄物の種類ごとの再資源化率等の内訳を示す。建設リサイクル法が施行される前後から，建設廃棄物全体として再資源化率は大幅に向上し，80%を超えている。内訳ではコンクリート塊が2005年度に98.1%，およびアスファルト・コンクリート塊が同じく98.6%と非常に高い再資源化率を実現している。建設発生木材は再資源化が2005年度に68.2%と2000年度の38.2%と比較して大幅に向上し，縮減22.5%を合わせて90.7%，最終処分量は9.3%まで低減されている。一方，建設汚泥の再資源化率は1995年度と比較して向上してい

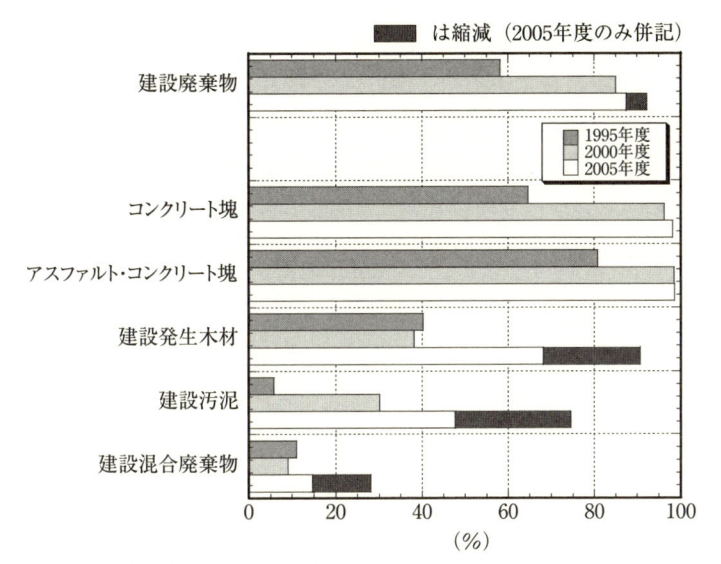

■ は縮減（2005年度のみ併記）

図-2.4.11 建設廃棄物の再資源化等の実績

[出典] 国土交通省ホームページより作成

るものの 2005 年度で 47.9％となっている．さらに建設混合廃棄物は約 14％にとどまっており，混合廃棄物の再資源化が困難な実態を表している．

図-2.4.12 は建設廃棄物の最終処分量の推移，ならびに産業廃棄物全体の最終

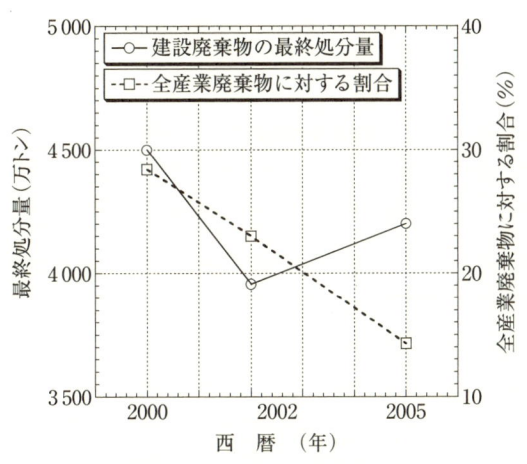

[出典] 国土交通省ホームページより作成

図-2.4.12 建設廃棄物の最終処分量および全産業廃棄物に対する割合の推移

処分量に占める割合の推移を示している。建設廃棄物の最終処分量は2000年度に約30％を占めていたが，2005年度には15％を下回っている。

一方，産業廃棄物の不法投棄に占める建設廃棄物の割合は非常に高い。**図-2.4.13**に示すように建設物の不法投棄量は，建設リサイクル法に基づく特定建設資材廃棄物のコンクリート塊，アスファルト・コンクリート塊に対応するがれき類(26.7％)，建設発生木材に対応する木くず(8.6％)を含め，産業廃棄物の不法投棄量全体の8割を越えている(2005年度，環境省データ)。またとくに，再資源化が困難な建設混合廃棄物の不法投棄量の割合が高い。

[出典] 環境省データより作成

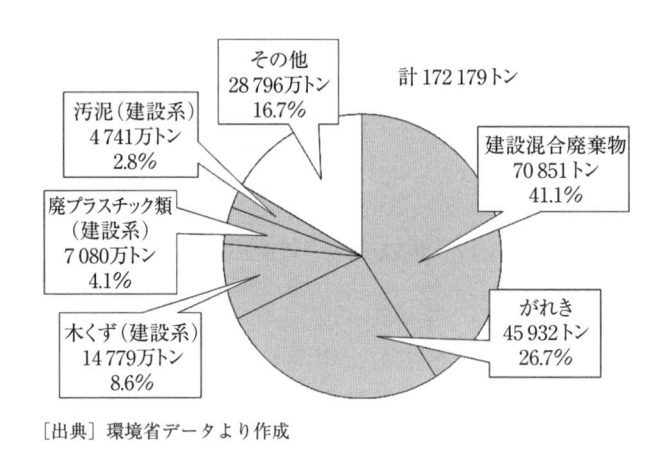

図-2.4.13　産業廃棄物の不法投棄量に占める建設廃棄物の割合(2005年度)

(3) 建設廃棄物の有効利用における課題

アスファルトは加熱して再利用が容易であり，**図-2.4.11**のように高い再資源化率となっている。再生加熱アスファルト混合物として道路舗装の基層および表層に用いる等の努力が求められている(建設業に属する事業を行う者の再生資源の利用に関する判断の基準となるべき事項を定める省令)。また再生骨材としての利用が求められている。

コンクリートも同様に再資源化等率は高いが，アスファルト・コンクリート塊と異なり，コンクリートあるいはコンクリート材料としての利用は現在のところ少なく，裏込材や路盤材としての利用が中心である。一方，コンクリート用骨材の枯渇が問題化している中で，再生骨材としての回収，利用技術の進歩は著しい

が，現時点では未だコスト，エネルギーの面で課題が残る。また，コンクリートから骨材を回収した後の粉体の利用方法も課題となっている。

建設発生木材は，ボード類へのリサイクル率の向上が望まれる。焼却による縮減では CO_2 の発生を招く。

建設混合廃棄物の再資源化は現在大きくは進んでおらず，不法投棄量に占める割合も年々高くなっている。

2.4.4 一般産業からの副産物の建設関連分野における有効利用

先に述べたように，建設においては大量の資材を使用するため，他の産業からのものも含めて大量の副産物を建設資材製造時の原材料や燃料として受入可能であり，資源循環に大きく貢献している。本項ではそれぞれの例を示す。

(1) 電力，鉄鋼，建設，その他→セメント

セメント業界は製造業に分類されるが，セメントのほとんどが建設産業で消費されるので，ここでは建設関連分野として位置づけた。セメント業界では多くの副産物をその燃料や原料として活用している(**図-2.4.14**)。セメント原料としての例として，まず，製鉄所で発生する各種スラグのうち，高炉から出る高炉スラグを急冷した水砕スラグは潜在水硬性，すなわちセメントとともに水と練混ぜると硬化する性質を有している。高炉水砕スラグを混合した高炉セメントは，一般に水和発熱が小さく耐硫酸塩性が高いため，土木工事でよく使用され，建設用セ

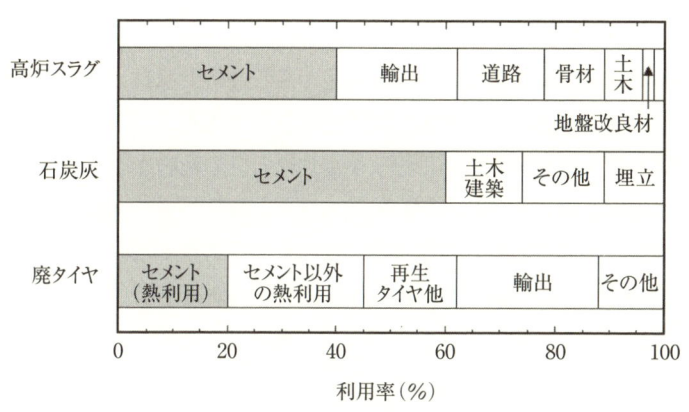

［出典］セメント協会ホームページより作成

図-2.4.14　セメント業界の廃棄物・副産物利用状況(2004年度)

メントのなかでは2番目に出荷量が多い。図-2.4.14に示すように，発生する高炉スラグの40％，輸出用まで含めると60％以上がセメント原料として有効利用されている。

次に，石炭火力発電所で発生する石炭灰（フライアッシュ）は，高炉セメントと同様に，混合セメント（フライアッシュセメント）の原料として使用されている。また，普通セメントの原料は，石灰石，ケイ石，粘土，鉄原料などであるが，石炭灰の成分は粘土と非常に近いので，粘土の代替としても用いられる。結局，図-2.4.14に示すように，発生する石炭灰の60％がセメント原料として用いられている。

このほか，生活ごみを焼却した後に残る焼却灰も発生量が多いため有効利用が望まれる。生活ごみ系焼却灰には塩素が含有されるため，セメントの原料として使用すると，鉄筋コンクリート構造における鉄筋の錆が懸念されるが，種々の研究により，現在エコセメントとしてJIS化されるに至っている。

燃料として産業廃棄物を使用する例として，廃タイヤ，廃油などの使用が挙げられる。これらを廃棄物として単に焼却すると，空気中にCO_2を排出することになり，また燃焼条件によっては有害物質を排出することになる。しかし，セメントを焼成するときに燃料として使用すれば，CO_2は排出するものの，燃料として使用する石炭などの化石燃料を節約することができる。またセメントは1450℃の高温で焼成されるため，有害な化合物が生成されにくいのも大きな利点である。

(2) 鉄鋼，金属（各種スラグ）→セメント，コンクリート

製鉄工場では，各種工程でスラグが発生する。高炉で原料である，鉄鉱石を石灰石とともにコークスにより加熱し銑鉄を取り出す過程では，高炉スラグが発生する。また，銑鉄を転炉あるいは電気炉で加熱し，不純物を取り除くと鋼が得られる。この製鋼過程では，それぞれ転炉スラグ，電気炉スラグが発生する。高炉スラグのうち，水で急冷されて粉体状になった高炉スラグ水砕についてはすでに述べた。図-2.4.15には高炉セメントの生産割合の推移を示している。建設用セメント全体に占める高炉セメントの割合は，他の混合セメントの生産割合が減少しているのに対し，年々高くなっている。

高炉スラグを徐冷したものは塊状となり（徐冷スラグ），コンクリート用骨材としてJIS化されている（図-2.4.16）ほか，道路の路盤材や埋立材として使用され

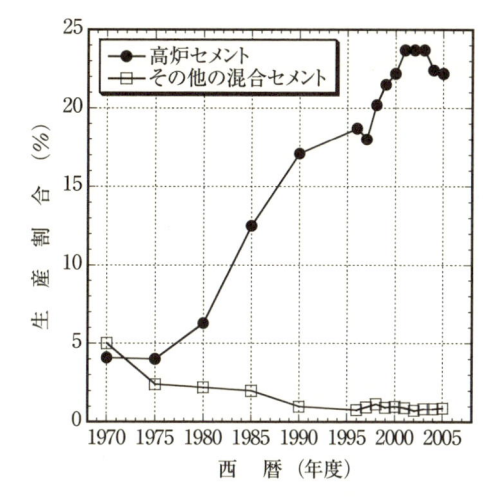

[出典] セメント協会ホームページなどより作成

図-2.4.15 高炉セメントの生産割合の推移

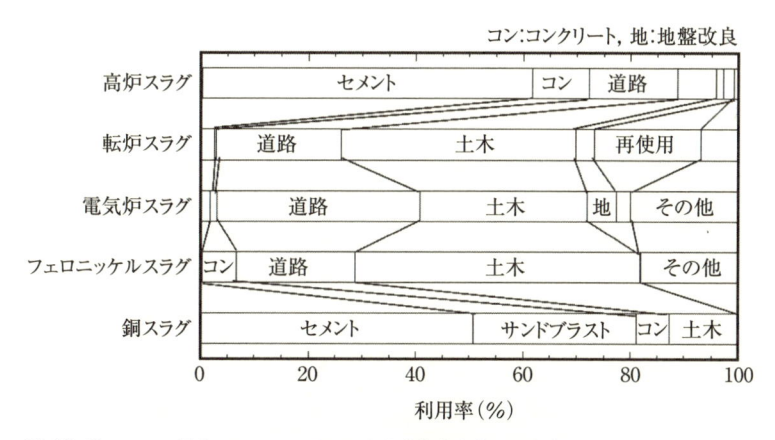

[出典] 鐵工スラグ協会ホームページ，日本鉱業協会資料より作成

図-2.4.16 各種スラグの利用状況（2004年度）

る。また，近年，アスベストの健康被害が問題となり，その代替材として岩綿（ロックウール）が使用されているが，我が国では岩綿の原料として，岩石ではなく高炉スラグが用いられることが多い（スラグウール）。

一方，転炉スラグはほとんどが道路工事や土木工事に用いられている。また電気炉酸化スラグはコンクリート用骨材として2003年にJIS化され，**図-2.4.17**に

示すように使用量は増加しているものの，**図-2.4.16**に示すように発生量に対するコンクリート用骨材としての使用割合は低く，多くは道路工事や土木工事に使用されている。

鉄鋼以外にも銅の精錬では銅スラグが，ステンレス鋼を製造する過程ではフェロニッケルスラグが副産される。これらもコンクリート用細骨材としてJIS化されており，**図-2.4.17**にその使用実績を示している。

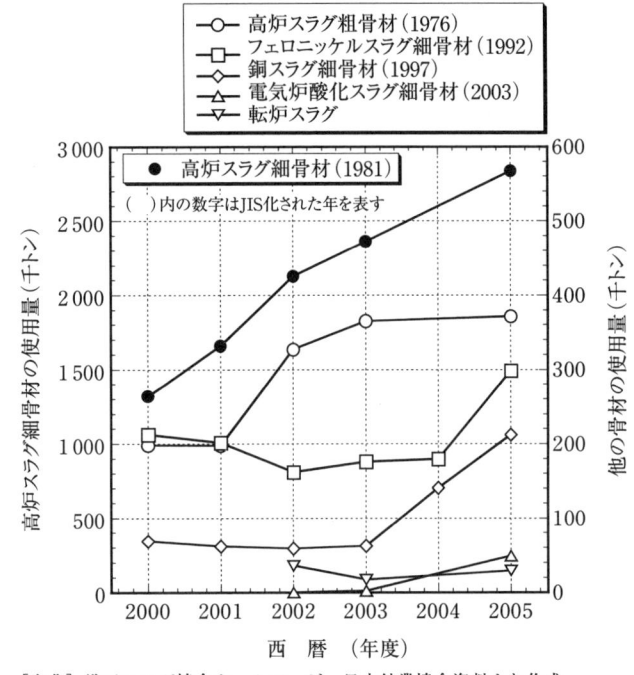

[出典] 鐵工スラグ協会ホームページ，日本鉱業協会資料より作成

図-2.4.17 各種スラグ骨材の使用状況

(3) 脱硫せっこう→せっこうボード

工場で発生する排気ガスにはさまざまな有害成分が含まれており，種々の方法で回収されている。この中で硫黄酸化物であるSO_3は，煙道の脱硫装置で水酸化カルシウムと反応して硫酸カルシウム(せっこう)となる。この排煙脱硫せっこう(副産せっこう)は，主としてせっこうボードとして建築内装下地材に使用されている。その使用量は，原料全体の2/3，年間300万トンを超えている。

2.4 建設生産における資源循環

```
計5 049千トン                    回収せっこう
                                266千トン
┌─────────────────────┬──────────────┐
│     副産せっこう     │  天然せっこう  │
│     3 257千トン     │  1 526千トン  │
└─────────────────────┴──────────────┘
0      20      40      60      80     100
              割  合 （%）
```

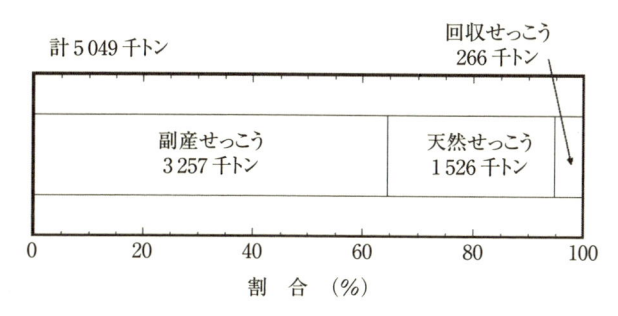

図-2.4.18　せっこうボードの原料としての副産せっこう利用率

　以上，建設関連産業における副産物の有効利用の実態について述べた。冒頭に示した種々の制約の下で，有効利用の割合は確実に向上しているものの，建設残業内における木材や混合廃棄物など，利用率が向上しにくいものもある。今後のさらなる向上が期待される。

参考文献
1) 杉並正用記念財団:東京ゴミ戦争，-高井戸住民の記録-, pp.8-16, 1983
2) 溝入茂:ごみ百年史，-処理技術に移りかわり-, 学芸書林, p.393, 1988
3) 全国都市清掃会議:日本の廃棄物'96, 厚生省生活衛生局水道，環境部環境整備課監修, 1996
4) 狩郷修:都市と廃棄物，京都市ごみ処理の変遷と将来，都市と廃棄物, Vol.2, No.9, p.15, 1972
5) 廃棄物学会:廃棄物ハンドブック，オーム社, p.157, 1996
6) 志垣政信:廃棄物の焼却技術(改訂3版)，オーム社, pp.82-83, 2000
7) 大迫政浩 他:溶融施設の稼働状況と溶融スラグの有効利用状況調査，第14回廃棄物学会研究発表会講演論文集, pp.533-535, 2003
8) 全国都市清掃会議:廃棄物最終処分場整備の計画設計要領, 2001
9) クローズドシステム処分場開発研究会:みんなのクローズドシステム処分場，オーム社, p.3, 2004
10) 環境省ホームページ，平成19年版 環境・循環型社会白書, 2007
11) 日本化学会 編:環境科学，-人間と地球の調和をめざして-, 東京化学同人, p.121, 2004
12) 兵庫県環境クリエイト:災害廃棄物の処理の記録, 1998
13) 吉澤佐江子 他:世界の廃棄物発生量の推定と将来予測に関する研究，第15回廃棄物学会研究発表会講演論文集Ⅰ, pp.38-40, 2004
14) 大迫政浩 他:近未来の循環型社会における技術システムビジョンと転換戦略に関する研究，平成18年度廃棄物処理等科学研究報告書, 2007
15) 本幡照文 他:焼却灰有効利用のための炭酸化による重金属の不溶化に関する基礎的研究，環境工学研究論文集, Vol.41, pp.459-467, 2004
16) 志賀美英:鉱物資源論，九州大学出版会, p.289, 2003
17) 地学団体研究会 編:新版 地学辞典，平凡社, p.1468, 1996
18) 石油天然ガス・金属鉱物資源機構 金属資源開発調査企画グループ:平成17年度 情報収集事業報告書 第5号「鉱物資源マテリアル・フロー 2005」, http://www.jogmec.go.jp/mric_web/, p.215, 2006
19) 石油天然ガス・金属鉱物資源機構:世界の非鉄金属需給, http://www.jogmec.go.jp/mric_web/

market/nonferrous/nonferrous.html, p.64, 2006
20) ドネラ・H・メドウズ 他著, 大来佐武郎 監訳:ローマ・クラブ「人類の危機」レポート-成長の限界, ダイヤモンド社, p.203, 1972
21) 廃棄物処理・再資源化技術ハンドブック編集委員会:廃棄物処理・再資源化技術ハンドブック, 建設産業調査会, p.890, 1993
22) 村田徳治:廃棄物の資源化技術, オーム社, p.213, 2000
23) 渡辺武男, 岩生周一:日本の鉱床の成因, 日本鉱産誌(地質調査所編), A 総論, 東京地学協会, 1959
24) 環境省ホームページ

第3章 生態系循環論

3.1 生態系の概念

3.1.1 生物圏の単位―生態系―

　地球の生物圏では動物，植物，微生物からなるネットワークが成立しており，相互にかかわり合いながら生活している。同時に周囲の無機的環境とも物質的，エネルギー的に強く結びついて，ほぼ一定の状態（平衡状態）が保たれている。例えば，植物の光合成，動植物の呼吸，微生物による有機物の分解などにより，物質やエネルギーは無機的環境と生物の間をたえず移動している。そこにある地域の生物（生物群集）と非生物学的環境（無機的環境）をひとまとめにした系を生態系と呼ぶ。

　生態系は自然の景観から森林生態系，草原生態系，海洋生態系，河川生態系などに分類される。しかし，物質やエネルギーの動きからみて，恒常性を保った生物群集と無機的環境からなる系があれば，その規模にかかわらず生態系とみなされる。現在では，地球生態系を最大の単位とし，それぞれの地域生態系をそのサブシステムと考える傾向が強い。また，生態系には明確な境界をもった完全な閉鎖系は存在しない。多くの場合，1つの生態系はある程度独立性を保ちながらも他の生態系と連続している。すなわち，生物圏はさまざまな種類の生態系という単位の集合体である。

3.1.2 生態系の構成要素

　生態系は生物群集と無機的環境からなる。生物群集は多種の個体群（同種の個体の集まり）よりなり，無機的環境は光（明るさ，波長，明暗周期），気温，水，大気（酸素，二酸化炭素，風），土壌（無機物，pH，土の粒度）などからなる。

　生物群集の個体群は生態系における機能から，「独立栄養生物」と「従属栄養生

物」に分けられる。独立栄養生物は生態系のエネルギーの受け入れ口,すなわち太陽の光エネルギーから有機物を合成し,生物が利用可能なエネルギーに変換する役割を担っており「生産者」とも呼ばれる。陸上では緑色植物が,海洋では植物プランクトンがこれに相当する。従属栄養生物は,生産者のつくりだした有機物に,直接あるいは間接的に依存している。物質循環に果たす役割から,「消費者」と「分解者」に分けられるが,両者の間に明確な区別はない。消費者とは一般的に動物を指し,分解者は土壌生物と菌類,細菌類を指す。分解者は生産者や消費者の排泄物や遺体を分解して無機物に変えるはたらきがある。無機物をつくり出す分解者がいないと,生産者は生きていくことができない。

　生物群集の各個体群は捕食−被食(食う・食われる)関係によって鎖状に連なっている。これを食物連鎖という。植物によって固定された太陽エネルギーと物質は食物連鎖にそって段階的に移行するが,食物連鎖における各段階を栄養段階という。実際には,各栄養段階にはそれぞれ多種の生物が存在している。また,雑食性(植物も動物も食べる)のものや,動物食性のものでも2つ以上の栄養段階にわたっているものもあり,生態系の食物関係は単純な鎖の集合ではなく,かなり複雑に交錯し,網目状をなしている。

3.1.3 生態系におけるエネルギーと物質循環

　生物が生きていくためにはエネルギーが必要である。生態系を構成する生物も,どこからかエネルギーを得ている。そのエネルギー取得方法は大きく3つに分けられる。独立栄養生物は光合成によって太陽からエネルギーを得て生活している。クロロフィルなどの色素体を含む植物がこれで,生態系においては生産者の位置を占める。一方,従属栄養生物は,他の生物から栄養をとる。他の生物を捕食することによりエネルギーを得,消費者がこれである。さらに,同じ従属栄養生物だが,細菌や菌類などの微生物は,体表面から分解物を吸収してエネルギーを得る。エネルギーは生産者から一次消費者,それを食べる二次消費者へと,さらにそれを食べる大型の三次消費者と,食物連鎖に従って流れていく。さらにこれらの動植物から分解者へとエネルギーは流れていく。

　生物がエネルギーを用いて生活すると,エネルギーは最終的には熱に変わる。その熱は生物は使わないので,生物間でのエネルギーの流れは細くなって,最終的には生産者が取り込んだエネルギーはすべて熱になって生態系から出ていく。

生態系の中で見ればエネルギーは一方的に流れていることになる。

他方，物質の流れを見ると，無機的環境の無機物質は，生産者による光合成を通じて炭水化物，タンパク質，脂質などさまざまな有機物に変えられ，食物連鎖を通じて消費者に流されていく。分解者が排泄物や遺体の有機物を取り込んで最終的には無機質に戻す。物質の流れはエネルギーと類似しているが，一方的な流れではなく，すべての物質が生態系の中では循環するという大きな特徴がある。

3.2 生態系からみた地球環境の危機

3.2.1 生態系サービスと人類の将来

世界中のすべての人々は，地球上の生態系と，その恵みである生態系サービスに完全に依存している。生態系サービスとは，食糧や水の供給，疾病抑制，気候の調節，精神的な満足や景観の提供などである。主として食糧，水，木材，繊維および燃料の急速な需要の増大に対応するため，過去50年間以上にわたって人類は歴史上かつてない速さで，大規模に生態系を変えてきた。このような地球の改変は，人間の福利と経済発展に大きな利益をもたらしたが，すべての地域とグループの人々が，この過程で利益を受けたわけではなく，それどころか多くの人々が被害を受けてきた。さらに，これらの利益を得るために支払われた総コストがいま，ようやく明らかになりつつある。

3.2.2 人類による生態系の改変

微妙なバランスで構成されている自然生態系は無機的環境と生物群集の状況の変化に応じて，新たなバランスを保とうとして生態系はつくりかえられる。この変化が小さいときは地球規模の生態系のバランスは保たれているが，その変化が大きな速度で起こると生態系の破壊につながる。

人類がこの地球上に出現したのは，数百万年前であると推定されている。人間も生態系の安定性に根源的に依存しており，生態系の一員として生活することを必然化されている。狩猟採集民として生きてきた人類は自然環境を改変し人工化してきたが，その変化を最少限に抑えてきた。しかし，ほぼ1万年前に始まった定住生活と農耕は，自然環境の改変をうながした。人類は生態系の拘束を脱して新たな人工システムをつ

くりだして，生息域を拡大し個体数を増加させてきた．とはいえ，社会の基盤が農耕である限りにおいては，この変化は生態系のシステムに組み込まれていった．

しかし，産業革命を契機とする石炭や石油などの化石燃料に依存した工業化は，自然生態系とはまったく異なったエネルギー，物質循環系を形成した．この近代文明の負の遺産が，大規模な環境破壊や環境汚染である．

かつての地球は多様な個体群が集まり，これらが多様な関係で結びつきあう生物群集を持つ「豊かな生態系」であった．人類という個体群の行為の反作用によって無機的環境をつくりかえ，さらに無機的環境が人類を含めた生物群集に作用し，生態系を構成する個体群が減少し，食物連鎖が単純で，物質循環の不完全な地球生態系をつくりだしている．

3.2.3 生態系の容量を超えつつある環境問題

世界経済は拡大を続けながら膨大な汚染を生み出しており，国際社会がこれから取り組まなければならないのは，エネルギーや食料生産がやがて直面するであろう限界より，もっと根本的な制約，つまり汚染を吸収しながら経済の拡大を支える地球の生態系の容量である．アメリカやヨーロッパ，日本，これに中国とインドで急増する消費が加われば，炭素排出量の増加や森林の消失，種の絶滅など，予測されているダメージに地球の生態系が耐えられるかということが，もっとも重要な問題になる．

2005年の『ミレニアム生態系評価』と題する包括的な環境分析によると，人間社会が依存する生態系サービスのほぼ3分の2が劣化しつつあるか，または持続不可能な方法で利用されており，もし人間社会が現在の進路を変えないなら，今後50年間にこの動向は「著しく悪化する」であろうと警告している．世界でもっとも人口の多い中国とインドが，世界経済の舞台の中心にたどり着いたばかりだというのに，世界の生態系の健全さを包括的に調べたこの調査は，土壌侵食の防止から気候の安定や洪水抑止といった役割を無償で提供する生態系の能力は，すでに深刻なまでに蝕まれているという結論を下した．

3.2.4 都市生態系

(1) 都市生態系の現状

都市は，物質やエネルギーが人為的に集積された空間であり，そこには都市環境によって歪められた生態系が成立している．そのような生態系を都市生態系

(urban ecosystem)という。緑色植物からなる生産者をほとんど欠き，従属栄養微生物が少なく，ヒトという動物が圧倒的に多い消費者からなる点で，自然の生態系とは大きく異なる。

都市生態系は，物質循環，エネルギー代謝，生息地の配置などが，他の生態系と比較して著しく歪んでいるため，生態系を構成する種に次のような特徴が認められる。

① 自然生態系の種や高次消費者の不在：自然性の高い植物群落を生息地とする動物や広い生息地を必要とする動物は生存できない。また，安定した森林内にだけで生育するような植物は生存できない。これは，都市の中では，森林や草原が，市街地の中に浮かぶ島のようになり，生息地の分断化の影響を強く受けているためである。また，都市は全体に乾燥した環境となるため，シダ類など湿った場所を好む植物が少なくなる傾向がある。

② 人工的な餌に依存する種の繁殖：カラス類，ドバト，ドブネズミ，ゴキブリ類など，雑食性や腐食性の動物が繁殖する。これは，人間が外部から大量に持ち込んだ食物が，生ごみなどになって都市内に常に存在するためである。また，その結果，カラスなどの攻撃が原因となって，自然の生態系ではごく普通に生育・生息している種の生存が困難になる。

③ 移入種の定着：都市内には，造成地や乾燥地など在来種にとっては生息に適さない空間が広くあり，そこに生息できる移入種が侵入・定着するために，移入種の種類が多くなり，全種類に対する構成割合も大きくなる。

④ 耐汚染種や暖地性種の増加：大気汚染，土壌汚染，水質汚濁など，環境汚染に耐性のある生物の種数や個体数が増加する。一方，汚染に弱い種は消失する。また，ヒートアイランド現象によって冬期の最低気温が高くなり，暖地性の種の越冬が可能となるために，そうした種が増加する。

都市生態系は自然のさまざまな種類の生態系の支えなしには存続できない。都市を例えば，大気中の上端に届くような巨大なガラス円筒で囲み他の生態系と遮断すると，都市生態系はたちまち崩壊する。すなわち，ヒトは生存できないし，もちろん産業活動も停止する。なぜなら，この囲みのなかでは，生産者を欠くので，食糧の涸渇はもとより，二酸化炭素や窒素酸化物の蓄積によるヒトの呼吸障害や気温の上昇が生じ，また，分解者である従属栄養微生物が少ないので，物質循環が完結せず，人工化学物質による水や土壌の有機物汚染などが起こるからで

ある。

　都市生態系が必要とする食糧は農耕地や海洋生態系が与え，二酸化炭素の吸収や酸素の放出は森林生態系が担い，清浄で豊かな水資源は広大な集水域と河川・湖沼生態系，そして従属栄養微生物が涵養し，多様な遺伝子はさまざまな生態系がプールしてきた。しかしながら有限の地球の表面で都市生態系と，それが生物圏に及ぼすインパクトは果てしなく拡大し，都市を支え維持させるべき自然のさまざまな種類の生態系が収縮し破壊され，都市の存続までが危機に面してきた。そこで，都市生態系の存続のために，さまざまな自然生態系を地球規模で維持し，再配置し，かつ管理することが必要とされはじめた。このことが，地球規模の環境問題に取り組む動機となっている。

(2) 生態系の管理

　自然の生態系が永続可能であるのは，物質循環が完結しているからである。これらの生態系の物質循環はきわめて多様な生物によって行われている。都市生態系が永続できないのは，物質循環が完結しないからである。これを永続可能にするためには，自然の生態系の支えが必要である。しかしながら，この容量は有限である。したがって，都市の活動量も制限されねばならない。このことはまた，ヒトの生活の場を都市への一極集中ではなく多様な分散型に，国際分業ではなく物質循環が完結する多様な自給自足型に方向づけなければならないことを意味する。

　都市生態系の物質循環を完結させるためには，自然の生態系などとの適正な配置を不可欠とする(**図-3.2.1**)。すなわち，例えば，都市生態系が必要とする食糧

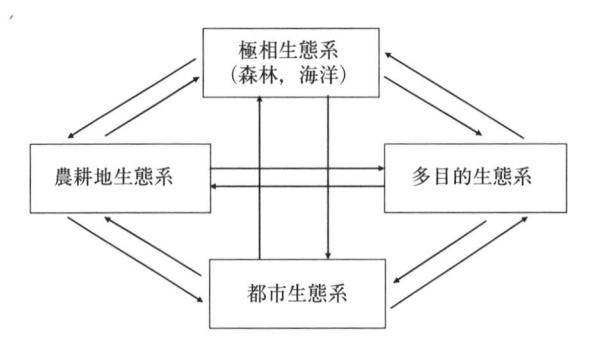

図-3.2.1　土地利用の区画モデル(都市生態系が永続可能となるためには，4つの生態系のなかで物質循環が完結しなければならない)

は農耕地生態系などから供給されるから，都市で発生したし尿やこれに含まれる窒素・リンなどの栄養塩類は農地などへふたたび還元されなければならない。また，森林から切り出された木材は都市で利用されるから，その結果生じる二酸化炭素などは森林へ還元されねばならない。さらに，物質循環のみならず，例えば気温などの激変を和らげる機能は森林や海洋などの極相生態系が有し，この機能も都市生態系をヒトにとって快適に保つために不可欠である。

今や，農耕地生態系は食糧生産に不可欠である。生物圏は有限であるから，農耕地の拡大は森林などを縮小することになる。このことはヒトの生存に不可欠で，かつ森林などに特有の多くの機能の縮小を意味する。また，農耕地生態系は強い力で遷移したり，塩類集積などにより荒廃しやすい。これらを阻止し農耕地を維持するために，大量の農薬や機械力などを投入することになった。このことは大量の化石燃料の投入を意味するから，農業は汚染の発生源になりつつある。これらのジレンマを最小にするために，**図-3.2.1**のような多目的生態系の配置が提案されている。

多目的生態系は遷移の中期にあり，したがって遷移の力は弱く荒廃しにくい。このために，化石燃料の投入はわずかですむ。アグロフォレストリーも多目的生態系の1つである。この生態系は農耕地の食糧生産の機能や森林の多様な機能を併せもつことになる。区画モデルの主要な目的は，都市生態系の物質循環を4つの生態系で完結させることである。したがって，4つの生態系はひとつの国のなかで，さらに地方自治体のようにできるだけ狭い地域のなかで配置されねばならない。都市や工業の化石燃料の消費を削減すれば，区画モデルによる物質循環の完結はより容易になる。すなわち，都市生態系による他の生態系への依存度を低下させれば，都市生態系を支えるほかの3つの区画はより小さくてすむし，逆に都市の拡大もありうる。このように，それぞれの区画の割合は固定的ではなく，都市生態系のあり方や他の生態系の利用のしかたによって変化する。

3.3 生態系の汚染

生態系の汚染はおもにヒトの産業活動によってもたらされている。産業活動の大部分は石炭・石油などの化石燃料の燃焼や，化石燃料を原料とする人工化学物質の生産・消費で成り立っている。化石燃料の燃焼は，二酸化炭素(CO_2)，イオ

ウ酸化物(SO_x)，窒素酸化物(NO_x)などの汚染物質を大気へ放出することを意味する。また，人工化学物質の生産・消費はその一部あるいは全部を最終的には生物圏へばらまくことを意味する。生態系の分解者の従属栄養微生物は，例えば塩素が結合した人工化学物質を分解できないことがある。したがって，これらの人工化学物質は，生物圏を長期にわたって汚染することになる。

3.3.1 地球温暖化のメカニズム

地球温暖化とは，「温室効果ガス(greenhouse gas)」の大気中濃度が高まることにより，地表の平均気温が上昇する現象をいう。温室効果ガスとは，太陽から入射する比較的波長の短い光線は透過するが，地表から放射される波長の長い赤外線は吸収する性質を有する気体の総称である。太陽から入射する光線は，約半分が大気や雲で反射され，残りは大気を素通りして地表面を暖める。一方，地表から放射される赤外線は，いったん温室効果ガスに吸収される。このため，地表からのエネルギーの一部はすぐに放散せず，大気中にとどまって気温を引き上げる。これが「温室効果(greenhouse effect)」と呼ばれるメカニズムであり，温室の外壁に相当するのが温室効果ガスである。

現在，温室効果ガスのうち問題視されているのは，人間の活動に起因して大気中濃度が上昇している二酸化炭素(CO_2)，メタン(CH_4)，一酸化二窒素(N_2O)，各種フロン類などである。

3.3.2 人工化学物質と生態系

人類は膨大な種類の化学物質を創造してきたが，多くは生態系において安全性が確認されないままである。環境ホルモンも含め，使われはじめた頃には生態系に害を及ぼすことが予測されなかったものが多い。また，多くの物質が並行して環境を汚染しているため，観察された事象がどの物質によって引き起こされたかを識別することも困難になっている。

(1) 有機ハロゲン化合物

都市ごみ焼却炉から発生して大問題になっているダイオキシン，カネミ油症事件で多くの被害者が出たPCBなどは，いずれも芳香環と塩素原子とが直接結合している化合物であり，このような化合物を塩素化芳香族化合物と呼ぶ。塩素イオンも芳香族化合物も，地球上には大量に存在していながら，芳香環と塩素が直

接結合している化合物である塩素化芳香族化合物は自然界ではほとんど存在しない。塩素化芳香族化合物のほとんどは毒性が強く，毒性のないものは存在しないともいわれている。

　ヒトが合成した人工化学物質は数百万種類あり，日常的に使われているものに限っても，数万種類ある。このうち，塩素などのハロゲン元素を含む有機化合物は毒性が強く，生態系に強いインパクトを与えることが多い。その代表的な化合物のいくつかを**図-3.3.1**に示した。これらの化合物には2つ共通点がある。環境中できわめて安定であり，脂肪によく溶けることである。安定であることは，生態系の主要な分解過程である従属栄養微生物の代謝を受けにくいことを意味する。したがって生態系などに長期間にわたって残留する。脂溶性であることは，生物体のとくに脂肪に蓄積しやすいことを意味する。

　DDTは神経毒の殺虫剤である。水にはわずか0.04mg/lしか溶けないが，脂肪にはよく溶ける。生態系に長期にわたって残留し，生物に大量に蓄積する。このために，まず北アメリカ，ヨーロッパで使用禁止となり，日本でも1971年に使用禁止となった。しかし，東南アジアなどでは，マラリアを媒介する蚊の撲滅の

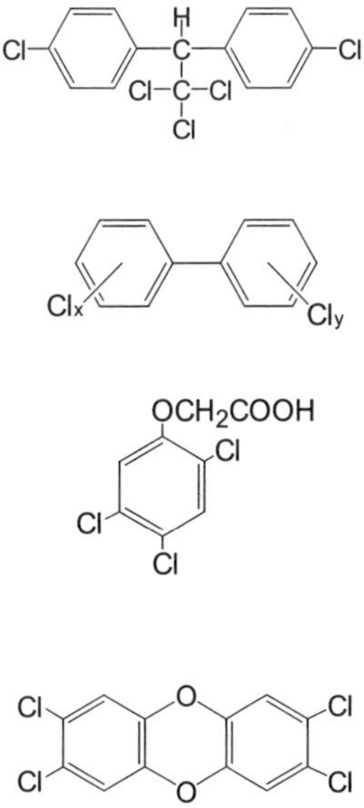

DDT(p,p'-dichlorodiphenyl-trichloroethane)

PCB(polychlorinated biphenyl)

2,4,5-trichlorophenoxyacetic acid

2,3,7,8-tetrachlorodibenzo-p-dioxin

図-3.3.1　塩素化芳香族化合物

ために現在でも大量に使用されている。

　PCBはポリ塩素化ビフェニール（polychlorinated biphenyl）の略称であり，置換塩素の位置と数によって理論上209種類の異性体が存在する。実際の市販品からも100種類を超えるPCBの異性体が確認されている。PCBは高い化学的安定性と電気絶縁性のために熱媒体，電気絶縁油などとして使用され，累積生産量は全世界で約100万トン，わが国でも1972年までに約6万トンに上る。PCBは脂溶性が高く難分解性のため，食物連鎖を通して生体内に蓄積され，とくに食物連鎖の上位にいる魚類やヒトでは，水や大気中の濃度より高く，高度に蓄積されている。日本においては1972年に製造および使用が禁止された。その後，特定化学物質（現在では第一種特定化学物質）に指定され，厳重な保管・管理が必要となった。2001年にPCB廃棄物の適正な処理の推進に関する特別措置法が制定され，環境省では全国5箇所にPCB廃棄物処理施設の設置を計画し，北九州事業所では，すでに操業を開始している。

　2,4,5-T（2,4,5-trichlorophenoxyacetic acid）は広葉雑草に選択的な除草剤である。塩素原子が1つ少ない2,4-D（2,4-dichlorophenoxyacetic acid）も，除草剤として水田などで広く散布されてきた。2,4,5-Tや2,4-Dはまた米軍がベトナム戦争で大量に散布した枯葉剤の主成分であった。ベトナムの枯葉剤散布地域で，がん患者，先天性異常児，流産，死産が多発した。しかしながら，例えば2,4,5-Tのラットの経口LD_{50}は500mg/kgであり，毒性は低いとされる。そこで，がん患者などの多発の原因は枯葉剤に不純物として含まれているダイオキシンであるとされている。

　ダイオキシン類とは，ポリクロロジベンゾ-p-ジオキシン（PCDD），ポリクロロジベンゾフラン（PCDF）およびコプラナーPCB（Co-PCB）の三種類の化合物の総称である。PCDDで75，PCDFで135種の異性体が存在する。ダイオキシンという言葉は，ベトナム戦争後の枯れ葉剤の影響により広く知られるようになった。ダイオキシンがごみを燃焼したときにできることは，1977年に明らかにされた。この事実はベトナム戦争での故意の使用や，化学工場での事故でなくとも，都市のごみ焼却場の灰や排ガスの中にダイオキシンが含まれているということで，大きな衝撃を与えることになる。このような燃焼過程において，ダイオキシン類の生成に関与する物質は有機物と塩素である。この塩素供給源になる有機塩素化合物はおもにポリ塩化ビニル，ポリ塩化ビニリデンといった合成樹脂で，

我々の生活圏内に多種多様の製品として存在するものである。

ダイオキシンの毒性は、塩素置換のない、ジベンゾ-p-ジオキシンおよびすべての水素が塩素と置換した1,2,3,4,6,7,8,9-八塩素化物の毒性はきわめて低く、2,3,7,8-四塩素化物(2,3,7,8-TCDD)のところで最大となっており、これより塩素が多くても少なくても弱くなる。急性毒性が現れない低濃度のダイオキシンを長期間摂取すると、慢性的な症状が現れてくる。催奇形性、生殖毒性、免疫・造血機能障害、成長抑制、発がん、薬物代謝酵素誘導など、多彩な影響を及ぼすことがわかっている。ダイオキシン類の毒性は、異性体ごとに大きく異なるが、各異性体について毒性を評価することは困難であるし、現実的でもない。このため各異性体の毒性を、2,3,7,8-TCDDに換算して毒性等価係数(最強毒性を示す2,3,7,8-TCDDの毒性を1とした時の各異性体の相対毒性、TEF)として評価する試みがなされている。現在、PCDDで7種、PCDFで10種およびコプラナーPCBで12種の毒性の強い異性体を対象として毒性評価が行われている。ダイオキシン類の毒性は、実際の各成分の濃度にTEFを乗じ、2,3,7,8-TCDD毒性等価量(TEQ)を算出し、その総和により評価される。

トリクロロエチレンやテトラクロロエチレンは金属の脱脂溶剤、ドライクリーニングの洗剤などとして広く用いられている。このため、都市や半導体工場近くの大気や地下水ではこれらの濃度が上昇している。これらの毒性は低いとされているが、トリクロロエチレンと小児白血病との因果関係が認められ、クリーニング業者の心疾患の死亡率は全国平均より有為に高い。

3.4 バイオマスと生態系

バイオマスとは何か。人間とどのようなかかわりをもつのか。バイオマスは光合成された有機物であり、生態系を形づくる有機物のすべてといってよい。バイオマスを資源として活用するには、その生産、変換、利用にかかわる包括的なシステムを構築することが求められる。そのシステムは太陽エネルギーを植物の力で固定している生態系に基礎を置いている。バイオマスシステムが持続するには、人間を含めた生態系そのものが永続性を保つことが前提となる。

バイオマスの利活用は、温室効果ガスの排出抑制による地球温暖化防止や、資源の有効利用による循環型社会の形成に資するほか、地域の活性化や雇用につな

がるものである．また，従来の食糧等の生産の枠を超えて，耕作放棄地の活用を通じて食料安全保障にも資するなど，農林水産業の新たな領域を開拓するものである．なかでも，バイオマスの約90％を占める森林資源（木質バイオマス）を持続的に生産・利用していくバイオ技術について大きな期待が寄せられている．

3.4.1 バイオマスとは

バイオマス（biomass）は本来，生態学の用語で，ある場所と時間における生物体の量を表し，生物量とも訳される．人間も含めた生態系の一部であり，生態系の物質循環の中で，生物体のみならず生命をもたない有機物のすべてを含んでいる．世界の陸地のバイオマス存在量（ストック）は乾燥重量にして約1.2〜2.4兆トン，エネルギー換算で約24 000〜48 000EJ（エクサジュール：$1EJ = 10^{18}J$）と評価されている．その大部分は陸上の樹木であり，海洋のバイオマス存在量はその300分の1程度に過ぎない．一方，毎年のバイオマスの純一次生産量（フロー）は1 289億トンと見積もられている．これをエネルギー換算すると約2 580EJ/年となり，世界の年間一次エネルギー消費の7〜8倍に相当する．この毎年再生産される量の範囲でバイオマス資源を持続可能に利用する限りにおいて，バイオエネルギーは再生可能エネルギーとみなすことができる．

ここで，生物体とは動植物および微生物であるが，生きた生物だけでなく，枯れた草木や落葉，さらにそれらが変質した土壌中の腐植などの有機物，耕地や林地に残した残渣や壊した家屋の木材，生ごみなどの有機廃棄物も含んだ形で用いられている．したがって図-3.4.1のように，生物体というよりも，光合成産物とその誘導体の総量といったほうが実際の使われ方に近い．バイオマスは生態系の中で形を変えながら循環し，一部は資源として人間に利用されている．動物にとっても植物は資源であり，呼吸作用などによって最終的にはCO_2になって大気に排出される．微生物にとっては，動物も植物もともに栄養源であり，最終的にはCO_2にまで分解される．人間はまた，資源利用の最後の段階で，バイオマスを燃焼しエネルギーとして利用し，CO_2を大気中に放出する．そして，これらのCO_2はふたたび植物に取り込まれつぎのサイクルが始まる．

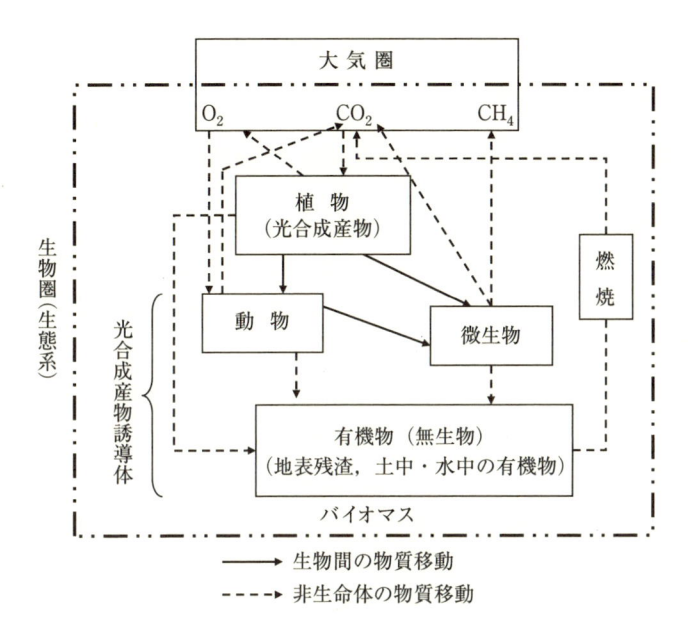

図-3.4.1 バイオマスと生態系

3.4.2 バイオマスの特徴

バイオマスは，① 資源として量が多い，② 再生可能資源であり，持続的生産，供給が可能である，③ 炭素の閉循環サイクルを形成し，CO_2を増加させない。いわゆるカーボンニュートラルである，④ 種類，利用法とも多様性に富む。燃料としても液体，気体，固体など多様な形態をとり，貯蔵することができる。また，材料，原料として種々の目的に利用することもできる。⑤ 他の資源に比べて地域偏在性が少なく，石油のように輸入しなくてもすむ，⑥ 分散型，小規模施設を中心とし，バイオマスによる発電を例にとっても，他の発電施設などに比べ少ない初期投資ですむ，⑦ 地域や農村に適合し，その活性化や雇用の増大に寄与するなどの特徴がある。

しかし一方，バイオマスは，資源利用上，① 変質しやすいなど生物系としての脆弱性を持つ，② 供給に季節性がある，③ かさばるため運搬や貯蔵にコストがかかる，④ 小規模システムの効率の低さ，コスト高が問題となることもあるなどの点に留意が必要である。また現状では，化石燃料に対して経済性の劣るものが多い。バイオマス生産の低コスト化，変換効率向上のための技術開発が続け

られ，しだいに実用化が進んできている。再生可能性，持続性がバイオマスの最大の特徴である。

3.4.3 なぜバイオマスの有効活用が必要なのか

(1) 地球温暖化の防止

2005年2月に京都議定書が発効し，わが国においては基準年（原則1990年）に比較して6％の温室効果ガス削減を第一約束期間（2008年から2012年）に達成する義務が課されている。この目標達成計画の中にもバイオエネルギーなどの新エネルギーの導入促進やバイオマスタウン構築によるバイオマスの利用促進を図ることが位置づけられている。バイオマスを燃焼したときに排出されるCO_2は，生物の成長過程で光合成により大気中から吸収したCO_2であることから，バイオマスは大気中のCO_2を増加させない。このため，バイオマスの燃料利用はCO_2の排出削減に大きく貢献することとなる。

(2) 循環型社会の形成

バイオマスの総合的な利活用により，循環型社会への移行を加速化していくことができる。

(3) 農林漁業，農山漁村の活性化

バイオマスを有効活用することにより，農林漁業が本来持っている自然循環機能を維持増進し，その持続的な発展を図ることが可能となる。

(4) わが国における競争力のある新たな戦略的産業の育成

バイオマスをエネルギーや製品に変換し利活用するためには，新たな技術やシステムが必要となる。このような技術を開発し，先駆的なビジネスモデルを構築することによって，新たな環境調和型産業とそれに伴う雇用の創出が期待できる。環境問題は，どこの国でも深刻化していくことが予想され，世界に先駆けてバイオマス産業をわが国の戦略的産業として育成することにより，わが国の産業競争力を再構築していくことが可能となる。

3.4.4 日本のバイオマス資源

日本のバイオマス資源を見ると，約2 500万haある森林の樹木や，約500万haある農地から生産される農作物などが賦存量で，毎年新たに生産される量が年間のバイオマス生産量ということになる。農地や森林からの生産量は年間約1

億3000万トンと推定されているが，世界各地から輸入している食料や材木を加え，利用した後に出る生ごみや木屑，あるいは下水汚泥などの廃棄物を合計すると，年間3億700万トンのバイオマス資源があると計算されている。しかし，農地から得られるバイオマスは，ほとんどが食料として利用されており，農業系廃棄物でエネルギー転換できそうなバイオマスは，籾殻，稲ワラ，麦ワラ，果樹の剪定枝葉等で，これらを合計すると年間1400万トン程度しかない。このうち，エネルギー源として利用できるバイオマスは年間約1000万トン弱と推定される。また，森林資源は，年間バイオマス生産量が約8000万m^3あるが，木材価格が低迷し間伐も行われていないことから，利用可能量が少ない。森林資源をバイオマスエネルギーとして利用する場合，わが国は地形が急峻で伐採・運搬費が高いことや，林業に携わる人々が高齢化し後継者が不足していること，あるいは樹木がエタノールなどの液体燃料に転換し難いことなどから，十分に活用されていない。したがって，林道が整備され，伐採・運搬が可能な範囲での需要を考えると，エネルギー転換できる木質バイオマスの賦存量は，年間約200万m^3と推定される。これをまとめると，日本全体では，廃棄物系のバイオマスは2億9800万トン出るがその利用率は72％程度であるし，間伐材などの未利用バイオマスは1740万トンあるがその利用率は22％と少なく，トウモロコシやサトウキビなどのエネルギーに転換しやすい資源作物系バイオマスについては，ほとんど生産されていない。

3.4.5 バイオエネルギー

(1) バイオエネルギーとは

　植物は太陽からの光エネルギーを利用し，水と炭酸ガスから炭水化物を生成する。この炭水化物の化学的エネルギーがバイオエネルギーの源である。植物起源の有機資源をバイオマスと呼び，これらを利用するエネルギーがバイオエネルギーである。**表-3.4.1**にバイオエネルギー源としてのバイオマスの分類を示す。バイオマスは，生産資源系(エネルギープランテーション系)バイオマスと未利用資源系(残渣系)バイオマスに分けられる。生産資源系バイオマスは主にエネルギー利用を目的として栽培する植物である。ブラジルで自動車燃料用エタノールの原料として栽培されるサトウキビはその典型である。一方，未利用資源系バイオマスは，農林水産業における未利用資源や加工残渣，都市ごみ中のバイオマス

表-3.4.1 バイオマスの分類

分類項目		バイオマス資源例
生産資源系	陸域系	サトウキビ，テンサイ，トウモロコシ，ナタネ等
	水域系	海藻類，微生物等
未利用資源系	農産系	稲ワラ，もみがら，麦ワラ，バガス，野菜くず等
	畜産系	家畜糞尿，屠場残渣等
	林産系	林地残材，工場残廃材，建築廃材等
	水産系	水産加工残渣等
	都市廃棄物系	家庭ごみ，下水汚泥等

などである。

　未利用資源系バイオマスをエネルギー利用する場合には，エネルギーの発生に加え，廃棄物処分，環境保全などの効用が生じる。一方，生産資源系バイオマスの利用に関しては，他の土地利用形態との競合を考慮する必要がある。

(2) カーボンニュートラル

　バイオエネルギーが地球温暖化対策オプションとして注目されている根拠は，それがネットでCO_2を排出しない，すなわちカーボンニュートラルなエネルギー源である点にある。もちろん，バイオマスをエネルギー利用する際，CO_2が発生するが，その量はそのバイオマスの起源である植物が成長する過程で大気中から固定したCO_2の量に等しい。つまり，ネットでCO_2排出はゼロである。これはバイオマス資源をエタノール，メタノール，バイオディーゼルなどの液体燃料として用いる場合でも本質的に同じである。また，バイオマスをエネルギー利用しないとしても，いずれは土壌の微生物の作用により，CO_2と水に分解されてしまうので，エネルギーとして利用した場合とCO_2排出量は同じである。以上の点で，地下に固定された炭素を一方向的に大気中に放出する化石資源の利用とは異なり，バイオエネルギーは他の自然エネルギーと同様，クリーンなエネルギー源ということができる。

　とくにバイオマス由来の液体燃料（バイオ燃料）は，単独あるいは化石資源由来の液体燃料に混合する形で，既存の輸送用内燃機関や既存の流通インフラを生かして比較的容易に導入可能であることから，再生可能エネルギーの中でも，輸送用エネルギーとしての期待がきわめて大きい。現在，日本全体の年間CO_2排出

量は13.6億t-CO_2であるが，このうち自動車からの排出量は全体の約2割にあたる2.3億t-CO_2である．仮に日本の自動車燃料すべてをカーボンニュートラルなバイオ燃料に置き換えることで，日本全体のCO_2排出量が2割削減できたとすると，11.3億t-CO_2となり，これだけでも京都議定書削減目標の12.3億t-CO_2（1990年比6％削減）を下回ることができる．

(3) バイオエネルギー変換・利用技術の概要

　バイオマス関連技術には，さまざまな原料と変換技術および活用形態の組合わせがある．バイオマスの形態はきわめて多様であり，利用形態も発電，熱利用，液体燃料などさまざまである．バイオマスは化学物質であることから，これをメタノール，エタノール，バイオディーゼルなどの液体燃料に変換してガソリン代替燃料や燃料電池燃料として用いることができる．これは他の新エネルギーには見られない特性であり，輸送や貯蔵の面でも大きなメリットである．バイオマスのエネルギー変換技術には，大きく分けて，熱化学的変換技術と生物化学的変換技術がある．

a. 熱化学的変換技術

ⅰ）直接燃焼

　もっとも一般的なバイオマス利用法であり，直接的な熱利用，さらにはこの熱を利用した発電がある．発電プラントの規模としては数MW～数十MW程度が普通である．北欧諸国では木材チップ，廃材，農業廃棄物などが主として用いられる．また，米国や一部のEU諸国では石炭火力発電所において，廃木材，木屑，麦ワラ，泥炭，都市ごみなどと石炭との混焼が行われている．

ⅱ）ガス化経由の液体燃料合成

　木材などのバイオマスを空気，酸素，水蒸気などをガス化材として加熱し，水素と一酸化炭素をおもな組成とする混合ガス（バイオマスガス）を生成するプロセスである．いかに，タール成分等が少なく，望ましい組成のバイオガスを効率よく得るかがポイントとなり，固定床，流動床，噴流床などのガス化炉を用いたプロセスが多数考案されている．いったん，適切なバイオガスが得られれば，既存の手法により，これをメタノール，ジメチルエーテル，ガソリンなどの液体燃料に容易に変換することができる．

ⅲ）熱分解・油化

　熱分解は，バイオマスを乾燥・粉砕後，窒素などの不活性ガス雰囲気下で加熱

することで，ガスやオイルを得る方法である。最近では，急速熱分解法が主流になっている。この方式では，可燃性気体や固体可燃物であるチャーの生成をできるだけ抑制して，オイル生成収率をあげるため，急速に加熱する。一方，含水率の高いバイオマスからのオイル生成には直接油化法が適している。バイオマスを高温高圧の条件下におくだけでオイルに変換する技術であり，操作温度は熱分解プロセスよりも低く，エネルギー効率が高くなる。

iv）バイオディーゼル

ナタネ油，パームオイル，ヒマワリ油などの植物油を，エステル化反応等により粘性を低くした上で，ディーゼル燃料として用いるものである。バイオディーゼル油は通常のディーゼル油に比べ，排ガス中のパーティキュレート，高分子化合物，SO_x，アセトアルデヒドなどが減少する。その反面，バイオディーゼルコストの約3/4は植物油の生成コストであり，ディーゼル油に比べて高コストである。なお，通常の植物油のほかにフライニング油，工場からの廃油などをメチルエステル化してディーゼル燃料にすることも行われている。

b. 生物化学的変換技術

i）エタノール発酵

エタノール（C_2H_5OH）はバイオマスの発酵によってつくられることが多く，無色透明で特有の芳香，刺激味を有する液体である。揮発性，可燃性であり，水や他の有機溶剤とよく混合し，また多くの有機化合物をよく溶解する。エタノールは食品，医療品，化粧品，化学工業など広範な産業分野で使用され，また環境汚染を起こさないクリーンな石油代替燃料としても近年多量に使用されるようになってきた。

物質，エネルギーとして多様な用途があるエタノールを得るには，糖を直接発酵させることが一番簡単である。サトウキビ，テンサイ，スイートソルガムなどから糖分を抽出してエタノール発酵させる。とくにサトウキビは，熱帯域において生産性が高く，しかも搾りかすであるバガスを燃料として用いることができるため，全体としてのエネルギー効率がきわめて高い。ショ糖やグルコースは通常酵母により発酵し，つぎの反応でエタノールを生産する。収率は実用レベルで80％程度である。

$$C_6H_{12}O_6 \rightarrow 2C_2H_5OH + 2CO_2 + 234kJ$$

デンプンから糖化を経てエタノール発酵を行うエタノール生産プロセスも大規

模に行われている。一般には，まずデンプンを蒸煮し，アミラーゼで分解して糖化する過程がとられるが，無蒸煮で糖化発酵させる菌種も研究開発されている。

ii) メタン発酵

生ごみ，家畜糞尿，農業廃棄物等を酸素の存在しない環境下で，嫌気性微生物により脂肪酸，アルコール，炭酸ガス，水素に分解し，さらに，メタン生成菌によりこれらからメタンを生成するプロセスである。メタン発酵は加水分解反応と酸発酵過程を含む可溶過程とメタンガスをつくり出すメタン発酵過程に分けることができる。バイオマスは酸発酵過程で分解されて酢酸，プロピオン酸，低級脂肪酸や低級アルコールなどに分解される。この発酵は酸発酵菌によって行われる。続いてこれらの中間生成物はメタン菌によってメタンガスとCO_2に分解される。メタン発酵では，炭水化物やタンパク質などの多様な有機物をメタンに変換することができるが，木質バイオマス中のリグニンはほとんど分解できない。

発酵方式には，① 有機物を液中で発酵させる湿式，② 水分調整した固形物を撹拌しながら発酵させる乾式とがあり，②については発酵処理を通じて生ごみ等の体積・質量を大幅に減量できることから，廃棄物処理の手段として有効である。生成したメタンはメタンガス発電プラントの燃料に用いることができる。メタンは，埋立地や下水，家畜糞溜などの嫌気状態下の有機物から自然発生するが，そのまま大気に入ると一分子あたりCO_2の約21倍という大きな温室効果をもっているので，メタン発酵を制御し，得られたメタンを熱利用することが望まれる。発酵後の大量の残渣液(消化汚泥液)は，農地に散布できる場合は比較的簡単に処理できるが，還元できる土地がないときには好気性微生物処理や焼却などコストのかかる処理をしなければならない。

c. 第二世代バイオ燃料技術

米国やEUでは，「第二世代バイオ燃料技術」と総称した「革新的なバイオ燃料生産技術の確立」についての研究が活発化している(**表-3.4.2**)。なかでも，これまでは未活用であったリグノセルロースを低コストでエタノールに変換する研究が盛んである。リグノセルロースは，木材や茎などの植物細胞を構成する主要成分であり，エネルギー利用の観点からはもっとも量的なポテンシャルが大きい。おもな組成はセルロース，ヘミセルロースおよびリグニンからなる。しかし，糖質やデンプンのように簡単にエタノールに変換する実用技術がなかったために，これまでは利用されてこなかった。リグノセルロースからのエタノール変換技術

表-3.4.2 第二世代バイオ燃料技術

	種類	名称	バイオマス原料	製造技術
バイオエタノール	第一世代	従来型バイオエタノール	テンサイ（糖類）穀類（澱粉）	加水分解（糖化）＋発酵
	第二世代	セルロース系バイオエタノール	木質，草本類（リグノセルロース）	高度加水分解（糖化）＋発酵
バイオディーゼル	第一世代	脂肪酸メチルエステル（FAME）	油糧作物(例：ナタネ)廃食用油	圧搾抽出＋エステル交換
	第二世代	バイオマスガス化合成軽油（BTL：Biomass to Liquid）	木質，草木類（リグノセルロース）	ガス化＋FT合成
		水素化バイオ軽油（BHD：Bio Hydrofined Diesel）	油糧作物／動物性油	水素化分解

が実現すれば，デンプンおよび糖質に加えて，茎や葉を含む穀物体全体をエタノール原料に活用可能となるだけでなく，牧草や樹木などもエタノール原料として活用でき，バイオ燃料の資源量を大幅に拡大でき，実現に向けた研究が注目されている。

木材などのリグノセルロースを原料としてバイオエタノール燃料を製造する場合，糖質・デンプンと同様のエタノール発酵工程の前段に，植物繊維をほぐすための前処理工程，セルロースおよびヘミセルロースの糖化工程，エタノール発酵には不要なリグニンの除去工程が余計に必要となる。また，従来の糖質・デンプン質作物から得られる糖は，ブドウ糖などのC6糖が主成分であるが，リグノセルロースを糖化すると，C6糖以外にキシロースなどのC5糖が2：1～3：1の割合で生じる。従来の発酵酵母では，C5糖を発酵できないか，または発酵能力がある酵母であってもC6糖共存下でC5糖の発酵能力が抑制されてしまうなどの問題が生じ，現在までの技術ではリグノセルロースの糖成分を十分に活用できていない。

リグノセルロースからのエタノール燃料変換技術の検討にあたっては，「前処理・糖化工程の高効率化，および低コスト化」と「発酵工程の高効率化」が鍵を握っており，これらに対してさまざまな検討が行われている。従来の酸加水分解法に代わる新たな手法として，酵素糖化法が有望とされ，活発に研究されている。セルラーゼにより，温和な条件下でセルロースを糖に分解することができる。「発酵工程の高効率化」については，遺伝子組換えによりC5糖とC6糖を同時に発酵

可能な酵母や，エタノールや熱への耐性が高い酵母，さらには糖化酵素を酵母表層に結合して糖化と発酵を同時に行える酵母などについて，さまざまな研究がなされている。

3.4.6 バイオマスの循環利用システム

(1) バイオマスシステム

持続型社会では，バイオマスも他の資源と同じく循環させ，供給を確保しつつ，資源とエネルギーの使用を控え目にしなければならない。このことを理解するため，自然界の炭素循環回路と人間社会内の物質循環回路を重ねると**図-3.4.2**になる。いったん社会の中に取り込んだバイオマス資源を，社会内でできるだけ循環させ，最後は光エネルギーを燃焼エネルギーとして回収する。資源としてバイオマスを役立てるとき，生産，変換，利用，廃棄の過程を含む複雑なバイオマスシステムとして取り扱うことになる。最終段階では，埋立などによって最終廃棄されるが，その際，微生物の浄化能力の助けをかりて，長期間生態系に負荷を与えない浄化システム技術の開発が望まれる。

(2) バイオマスの地産地消

脱温暖化社会を構築するには，その地域に賦存するバイオマスの利活用が必要である。都市でバイオエネルギーを得るには，建築廃材や街路樹の剪定枝，ある

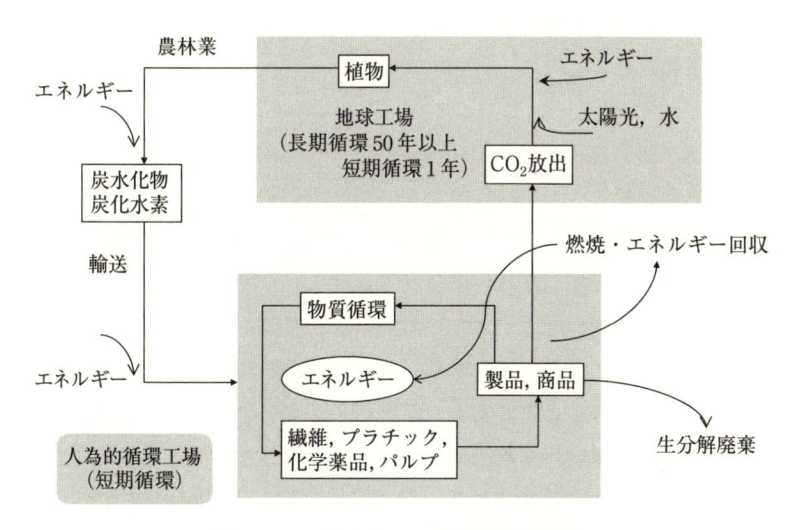

図-3.4.2　バイオマスの持続的な循環

いは学校給食やホテルなどの生ごみが利用できるバイオマスである。食品工業から出る食品系廃棄物も質が安定しており一定量のバイオマスを確保できるのでエネルギー化が可能である。小さな自治体でごみの収集システムが徹底している地域では，生ごみや各家庭のテンプラ廃油なども燃料化できる。農村では，間伐材や稲ワラや家畜のふん尿，果樹の剪定枝や林地残材などがバイオマス資源であるが，エネルギー化だけでなく，堆肥や肥料などの資源化を合わせて行う必要がある。農村のバイオマスは，家畜ふん尿のような毎日出る廃棄物もあれば，モミ殻や稲ワラのような出る時期が限定され，そのまま放置してもあまり問題がないバイオマスもある。また，廃棄物系だけでなく，里山の竹林や山林の間伐材など，地域の環境を保全するために処理が必要なバイオマスもある。このように，バイオマスの利用は，それぞれの地域で異なることから適正規模で処理し，得られたエネルギーを地域で循環させるバイオマスエネルギーの地産地消が必要になる。

　バイオマスを上手に利用するには，① バイオマスを誰がどこからどのような方法で集めるかという「入口」の問題，② 多くのエネルギーを使わないで，どのようなエネルギーにするかという「転換技術」の問題，③ 転換したエネルギーを誰がどこで何に使うかという「出口」の問題が重要である。この３つが決まらないと，脱温暖化の枠組みをつくることはできない。それに加えて，地域のバイオマス規模にあったエネルギー化を考え，地域の人が自ら運営実施できる技術の開発や，地域住民にこれらを実施する意義を理解してもらうなど，環境教育を含めたシステムが求められる。

(3) 廃棄バイオマス

　生産，変換，利用の過程で，一部のバイオマスは利用目的に沿わないことで廃棄される。生産過程で，本来の目的でない利用法がある場合には，副産物として他の目的に利用されることもある。まったく利用できる可能性がなければ，最終的に廃棄され，単に焼却されるか埋め立てされる。このような生産目的からはずれたバイオマスを廃棄バイオマスと呼んでいる。廃棄バイオマスの中には放置すると環境に悪影響を及ぼすものもあり，積極的に資源利用すべきである。利用できなければ廃棄物処理が必要である。廃棄バイオマスで身近なものは，家庭や食品工場からの食品廃棄物，下水汚泥，建設発生木材などがある。農業ではワラなどの圃場作物の残渣や家畜のふん尿，林業・林産業関係ではおがくず，カンナくず，樹皮，端材などの製材工場残材や建設発生木材や製紙残渣などがある。バイ

3.4 バイオマスと生態系

オマスはかさ張り，収集にコストがかかることが問題となるが，廃棄バイオマスで廃棄処理費を付けて収集するいわゆる逆有償のものは，経済的に有利である。都市ごみや産業廃棄物など廃棄処理が義務づけられていて，収集システムもできあがっているものもあるが，ワラや林地残材のように利用されないで放置して，自然に生分解されるのを待つ廃棄物もある。

廃棄物系バイオマスを中心とするバイオマスの利活用を進める上でも重要なのが，物流管理と変換技術である。**図-3.4.3**に示すようにバイオリサイクルにおける「リサイクル」とは，生物的変換による廃棄物のリサイクルであり，対象は生物由来の有機系廃棄物(廃棄バイオマス)がほとんどである。堆肥化，バイオガス化，水素化，エタノール化，バイオプラスチック化等が含まれる。まず，堆肥化は，し尿，家畜ふん尿，下水汚泥，生ごみ，農業残渣等を対象とし，好気性発酵により堆肥を生産する。バイオガス化は，堆肥と同様の廃棄物を対象とし，嫌気性発酵(メタン発酵)によりメタンを主成分とするバイオガスを生産する。また，副産物として発生する発酵残渣は，液肥としての利用も可能である。水素化は，水素発酵により次世代エネルギーとして期待される水素を生産する。エタノール化は，糖，デンプン，セルロース等を含む農業系廃棄物，食品加工工業系廃棄

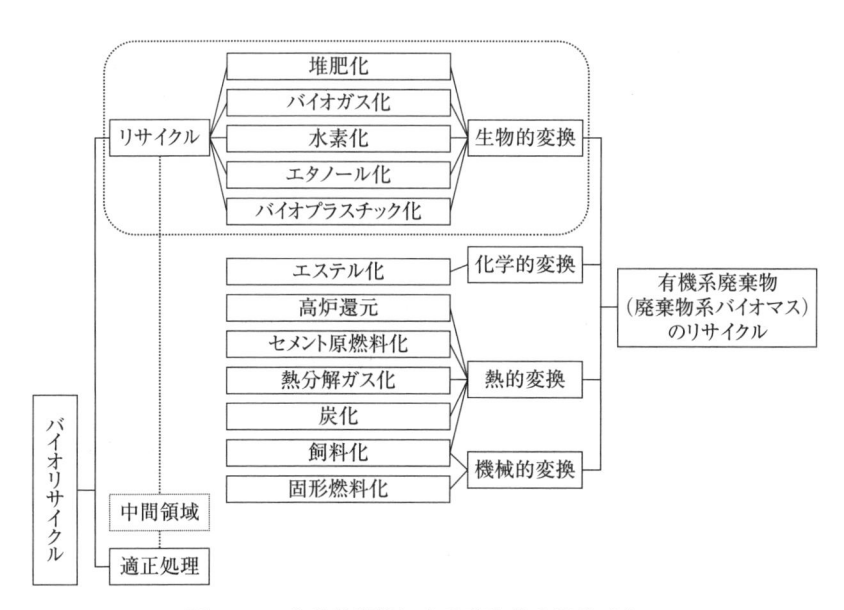

図-3.4.3 生物的変換による廃棄物のリサイクル

物，木質廃棄物等を対象とし，発酵によりエタノールを生産する。

　生物的変換はバイオマスへの適合性が高く，熱的変換や化学的変換と比較して資源・エネルギー消費量，およびコストを抑制する可能性が大きい。バイオマスの生物的変換によるリサイクルは，循環型共生社会における資源と技術の組合わせシステムとして有望といえよう。

3.4.7 環境評価

　バイオマスシステムの環境への影響評価は，その持続性の鍵となる。一般に耕地や林地のバイオマスの増加は，土壌浸食や洪水の防止にも役立つとみられる。とくに未利用地，低利用地の開発は，植生を増し，生態系を豊かにし，資源供給のみならず環境を改善する。しかし，バイオマス生産・変換・利用には，環境への負荷がかかるのが常である。環境への負の影響も評価し，対策が講じられなければならない。すなわち，バイオマスシステムの環境負荷の水準，既存の生態系への影響，生物多様性との関係，土地の利用制限との関係，利用化学物質の環境への影響，廃棄物の処理方法なども評価してバイオマスシステムをつくり，運営していくことになる。

① LCA（Life Cycle Assessment）：エネルギー分析を生産のみならず，変換，利用，最終廃棄の過程を含めて，バイオマスの一生について行うのがLCAである。LCAはバイオマスシステムのエネルギーや環境評価を行う有力な方法である。

② 環境負荷評価：先進国でよく行われている環境アセスメント（Environmental Impact Assessment：EIA）は，人間が環境に与える影響を事前に評価することを目的としている。EIAの調査対象の環境要素は公害項目として大気汚染，水質汚濁，土壌汚染，騒音，振動，地盤沈下，悪臭であり，自然環境の保全項目として地形，地質，植物，動物，景観，野外レクリエーション地が挙げられる。

③ 生物多様性：生物多様性の維持は，バイオマスシステムの持続性の最重要条件の一つである。放棄された耕地や砂漠化した土地でのバイオマス生産によって，むしろ生物多様性を増進することが期待される。

④ 環境モニタリング：項目を絞った恒常的な評価がモニタリングである。これによってわずかな変化から早期に対応，修復を行うことができる。環境モ

ニタリングは，バイオマス生産サイトやその周辺地の気候，土壌，水，植生，生物多様性などの諸項目でサイトの環境維持に重要とみられるものを取り上げて行う。

3.4.8 廃棄物の適正処理技術

バイオリサイクルにおける「適正処理」とは，生物的変換による廃棄物の適正処理であり，その主要な技術を整理すると図-3.4.4のようになる。

生物機能による変換には，有機物の分解と有害物質の分解が含まれる。前者の代表的なものは，下水汚泥の消化である。後者の代表的なものは，バイオレメディエーションが挙げられる。バイオレメディエーションは，土壌汚染の分野で適用が進んでいる技術であるが，近年，廃棄物不法投棄における有害物質の分解にも適用が検討されている。

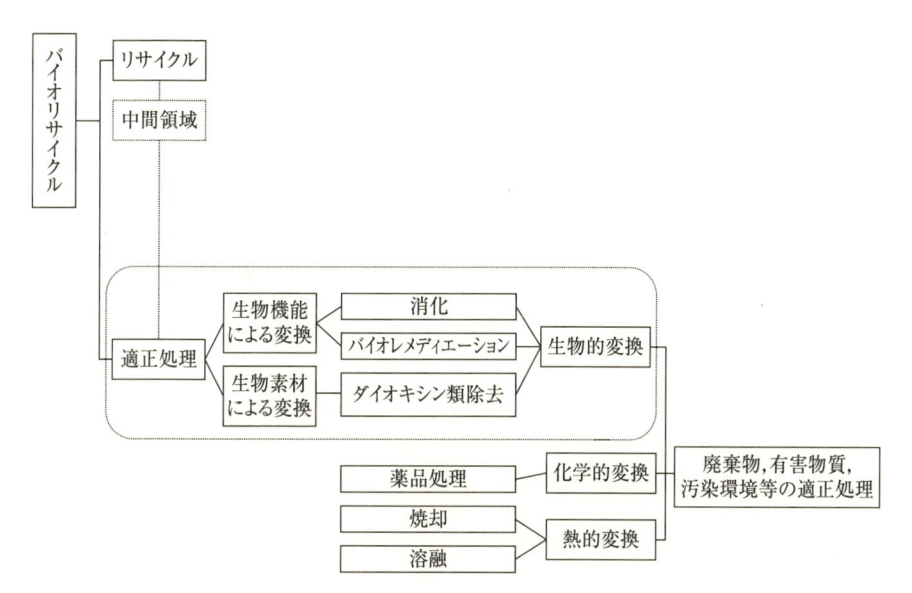

図-3.4.4 生物的変換による廃棄物の適正処理

3.5 森林資源と生態系

3.5.1 森林生態系の現状

(1) 森林生態系

　森林生態系は森林空間における樹木をはじめ草本などの植物，ほ乳類や昆虫などの動物，カビやキノコ（菌類），バクテリアなどの微生物に至るまでのすべての生物（生物群集）とそれらの生命維持を満たす大気，水，土壌，日射，降水，気温などの無機的（非生物）環境からなる。森林生態系が健全に維持されるためには，次のような条件が必要である。

① 森林の緑色植物が光合成をするのに必要な太陽エネルギーが与えられる。
② 降水量，気温などの無機的な環境条件が十分に満たされている。
③ 多種多様な生物で構成され，それらの生物量が適正量存在する。
④ 周辺の生態系から孤立あるいは分断化せずに連続した生態系を維持している。

(2) 森林生態系の価値

　森林生態系は，木材や紙の原料を生産する経済的な価値だけではなく，多種多様な動植物が生息する場であり，その生存を支えているという価値を持っている。また，我々の生活環境を保全してくれる多くのはたらきが知られており，これらの作用は「森林の多面的機能」と呼ばれている。森林の機能として水資源のかん養，自然災害の防止・軽減，水と土の保全，気象環境の緩和，防火，騒音阻止，大気浄化，野生鳥獣の保護，保健休養，レクリエーションの場，風致保全，教育の場など多岐にわたる。森林は光合成で二酸化炭素を吸収し，樹木に炭水化物として蓄積する。森林はそれを構成する樹木内に水を蓄えるとともに，それを支える地中には多量の水を貯留するため「緑のダム」と呼ばれている。健全な森林の土壌は隙間の多いとても柔らかな土壌構造（団粒構造）を持ち，水が浸み込むはたらきが高い。土壌へ浸み込む水の量が増えれば，地表を流れる水が少なくなり同時に森林の土も流れにくくなるので，結果として土壌の保全にも役立っている。

　日本学術会議が答申した森林の多面的機能評価（2001年11月）では，我が国の森林の価値を金銭に換算してつぎのように試算している。① 二酸化炭素吸収機能…1兆2391億円，② 化石燃料代替機能…2261億円，③ 表面浸食防止機能…

28兆2565億円，④ 表面崩壊防止機能…8兆4421億円，⑤ 洪水緩和機能…6兆4686億円，⑥ 水資源貯留機能…8兆7407億円，⑦ 水質浄化機能…14兆6361億円，⑧ 保健休養機能…2兆2546億円，計70兆2638億円．

(3) 森林による二酸化炭素の吸収・固定

植物は光合成によりCO_2を吸収し酸素を排出するが，一方では，常時，呼吸によってCO_2を排出している．炭素に注目してみると，吸収量と排出量の差が植物体の形成に使われる．したがって，大気中のCO_2の一部はセルロースなどに変換され，結果として植物体内に炭素が固定されることになる．草本は1年単位で枯れるので，固定された炭素は枯れて分解されるとすべて排出されてしまうが，木本は固定した炭素を長年にわたって貯蔵することができる．

森林にはさまざまな種類があるが，その内容によって，森林によるCO_2の固定量は変わってくる．一般に，成長が旺盛な若齢林はCO_2を盛んに固定するが，原生林のような老齢林は，全体としてなかなか成長しないので，CO_2の吸収量と排出量がほぼ等しい．また，スギやヒノキなどの針葉樹人工林は成長が早いので，CO_2を速く多く固定する．

「伐採」と「森林減少」の違いについても区別する必要がある．伐採された樹木は分解または焼却された時点でCO_2の排出源となるが，伐採跡地に森林が回復すれば，CO_2の排出と吸収は差し引きゼロになるので，温暖化への影響は小さい．一方，森林そのものが減少すると，伐採によってCO_2が排出されるばかりでなく，その土地では将来にわたってCO_2を吸収・固定することができなくなるため，影響が大きい．

(4) 森林生態系の破壊の現状

地球上の森林は，熱帯林，温帯林，北方林に大きく分けられる．このなかで温帯林と北方林は，大気汚染や酸性雨などの被害がみられるが，森林破壊の現状は熱帯林に比べると比較的安定している．面積の減少がとくに大きく問題になっているのは熱帯林である．

現在の森林生態系は，商品木材の無計画な大面積・大量伐採，無秩序な焼畑耕作，家畜等の過放牧，過剰な薪炭・燃材採取，大規模な森林開発による土地利用の改変や森林地表面の損傷などの人為的な攪乱によって，脆弱化あるいは消滅しているケースが多い．森林の減少・破壊は木材の不足，洪水・渇水など地域的な影響のほか，生物多様性の減少・喪失，地球温暖化，砂漠化の進行など地球規模の

環境問題を引き起こす原因となる要素を含んでいる。森林生態系が破壊されることによって，次の3つの問題を引き起こすことが考えられる。

① 森林生態系に生息する生物の個体数が少なくなるため，特定の種の絶滅の確率が高くなる。

② 森林生態系に生息する生物数が少なくなるため，その種が維持してきた遺伝的多様性が失われ，遺伝子の単純化とともに近交弱勢が起こりやすくなる。その結果として劣性遺伝による種の絶滅につながる。

③ 生物相互作用が単純になり，森林生態系全体としての機能が著しく低下する。

3.5.2 森林生態系を守るために

森林生態系を破壊しないように取り扱うには，常に「生物多様性（種の多様性）」，「遺伝的多様性」，「生態系の多様性」の3つの保全を合わせて考えることが大切である。世界の森林は熱帯林を中心に減少，劣化が進んでいるが，一方では，世界の木材消費量は増加傾向にある。1992年に開催された国連環境開発会議（地球サミット）では森林を生態系としてとらえ，森林の保全と利用を両立させる「持続可能な森林経営」の考え方が提唱され，森林経営においても環境面，公益面が重要視されることになった。世界有数の木材輸入国である我が国でも持続可能な森林経営の達成に向けて，国際的協力と国内の森林整備の推進が課題となっている。

日本国内においても，森林環境の持続や森林のはたらきを有効に発揮させることに対して国民の関心が高まっている。森林生態系を守るためには，本来の生物多様性を失わせないように配慮し，グローバルな視点からの森林の適正な配置と森林生態系の持つ多様な機能を持続的あるいは調和的に発揮できるような森林の取扱いや合理的な保全・管理がもっとも重要となる。

国土の多くが急峻な山岳地帯であり，わずかな沖積平野や山間に開けた盆地に密集して暮らしている日本では，古くから木材生産と国土保全が一体となった農村文化，森林文化が育まれてきた。その結果として，現在でも国土の3分の2が森林で覆われている森林国となっている。最近の都市への著しい人口集中化や社会経済文化の急激な変化を受けて，都市住民を中心に，森林を自然環境と見る新たな規範が形成されつつある。このような考え方は，自然環境の著しい喪失感に直面することによって生まれてきたもので，森林環境を人類の生存の基盤として見る考え方が根底にあり，環境と共生した新たな文明の創造を図る原動力となる

価値観である。多様な分野の専門家や関係者の協働を通じて,古来より営々と継承されてきたわが国独自の森林文化をベースに,地域エゴや都市エゴを超えた新たな地域立脚型の森林業や森林環境と共生したライフサイエンスの実現を図る「エコ・フォレスティング」のあり方を確立することが,環境共生社会を導く鍵になると考えられている。

3.5.3 森林炭素ビジネス

気候変動についての国際パネル(IPCC)は,地球温暖化の原因の75％が化石燃料の使用,20％が森林の減少劣化であるとし,現在の傾向が続けば,今後100年間に世界の気温は1.4～5.8度上昇するとしている。森林への投資は,主としてCO_2の排出者等がその削減目標を達成するための低コストな柔軟性措置の一環とみなされている。森林による対策としては,大別して新規の植林や化石燃料の代替により森林による吸収を増加させること,および収穫方法の改善などにより森林の減少,劣化を防ぐことがあげられ,各国のCO_2の排出の削減目標達成における森林による吸収量の算定ルールとして,新規植林に加えて森林経営についても一定量がカウントできることとされた。

日本が約束をした1990年比6％の削減目標のうち,森林による吸収・固定は3.8％,1 300万炭素トンである。森林はCO_2を吸収・固定しているが,すべての森林が京都議定書による算定の対象になるのではない。対象となるのは,「新規植林」(過去50年間森林でなかった土地への植林),「再植林」(過去に森林であったが,1989年末時点では森林ではなかった土地への植林),そして,「1990年以降に適切な森林経営が行われた森林」の3種類だけである。しかし,新規植林や再植林は,日本では面積的にごくわずかである。日本では,育成林のうち1990年以降に適切な森林経営が行われた森林,すなわち,間伐等の手入れがされた森林が算定の対象になる。また,天然生林については,法令等に基づいて,保護・保全する措置がとられている森林だけが対象となる。

また,京都議定書で定められている柔軟性措置の一つとして,クリーン開発メカニズムがあり,発展途上国で行われる大小規模の無立地等への植林(afforestation)や再植林(reforestation)に限り,追加性などの基準に合致する場合に認証排出減少量(CER, Certified Emission Reduction)としてカウントすることが認められている。固定された炭素の価値は世界中で同じであることから,取引として

はわかりやすいが，森林中の炭素の売買については，炭素権の帰属の法的な問題やカウントの方法など明確にすべき点があるとともに，その永続性，実証可能性，追加性などクリアすべき条件も多い。このような現状ではあるが，森林炭素ビジネスへの期待は大きく，各地で森林による炭素相殺プロジェクトが実施されてきている。

「クリーン開発メカニズム（Clean Development Mechanism，CDM）」

2005年2月に発効した京都議定書に基づく温暖化ガス排出権取引制度の一つ。先進国が発展途上国への技術支援等を通じて温暖化ガスの削減に貢献する見返りに，削減量に応じた排出権を受け取るもの。当事国政府の承認や国連機関への登録などが必要。CDMのしくみを図-3.5.1に示した。

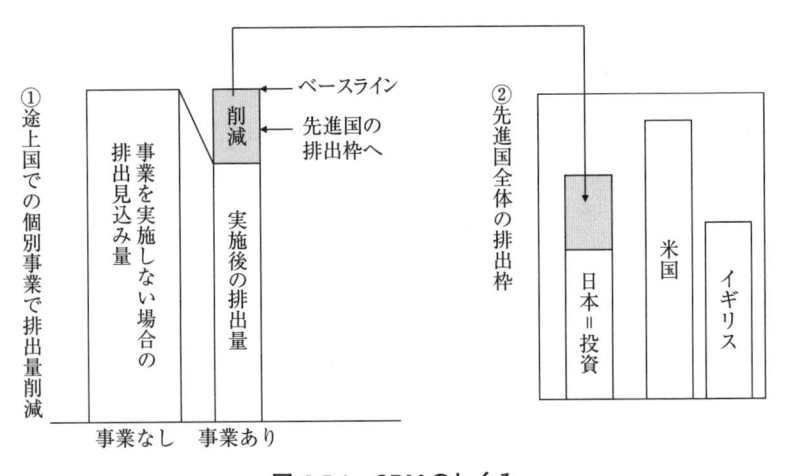

図-3.5.1　CDMのしくみ

3.5.4　森林資源の利用と森林への活力付与

地球温暖化防止に向けた国際協調では，森林の持つCO_2の吸収源・貯蔵庫としての機能を高度に発揮させるために，森林を活力ある状態に保ち，木材利用を促進することによって木材が炭素を貯蔵する炭素排出削減に取り組む働きが注目されている。森林は成立して長い年数がたつと，植生が安定して極盛相（クライマックス）を迎える。このような状態では光合成によるCO_2の固定と，森林内の生物の呼吸と腐敗によるCO_2放出とが均衡し，森林全体の蓄積（木材の幹材部分

の体積)の増加もほとんどない．森林環境に配慮しながら伐採を行うことにより，森林に活力を与え，効果的なCO_2の固定が可能となる．

　長い人類の歴史を通して，我々は森林からさまざまな機能の恩恵を受けるとともに，木材を生活の必需品として活用してきた．森林から産出される木材は，燃料として，あるいは柱や屋根・壁・内装をはじめとする建築材料として，多岐にわたり古くから利用されてきた．

　一方，生活様式が豊かになり，経済規模が拡大するにつれて木材の利用量は増え，国際的な木材の輸出入の動きが大きくなったが，そのことにより森林破壊が急速に進んでいる地域がある一方，我が国のように，営々と造成してきた森林が伐採できずに放置されている地域もあるなど，地球規模で見ると，持続的な社会や森林管理に反した状況が広がっている．

　自然材料の中でも生物材料である木材は，人間の感性にフィットする材料であり，健康にも優れた材料である．木材は生態系の中で再生・循環し得る物質であり，その加工や分解に際して，環境への負荷の小さい優れた材料である．さらに，木材は再利用が可能であり，エネルギー材としても有用で，地球環境の保全の上からも優れた資材である．したがって，その特性を積極的に利用することは，人類の持続的な社会の構築にとって，きわめて大きな意義を有する．同時にその利用に当たっては，資材としての保続や，森林の諸機能の持続にかなうように，森林の成長や生態との，バランスの取れた利用形態をつくり出していくことが重要である．

　木材を有効利用することの効果について考えてみると，「日本林業の再生」，「間伐の推進」，「森林によるCO_2固定量の増加」，「CO_2排出量の削減」，「温暖化防止に貢献」などが挙げられる．さらに，これらの効果と併せて，「中山間地域の振興」，「地域生態系の保全」などにも効果があると考えられる．また，森林から生産された木材を利用することによるCO_2排出削減については，「貯蔵効果」，「省エネ効果」，「代替効果」という3つの効果があるといわれている．貯蔵効果とは，木材製品として炭素を貯蔵することであり，省エネ効果とは，製造エネルギー消費の高い材料を木材に置き換えることで排出量を削減することである．代替効果とは，化石燃料を使う代わりに木材を利用することであり，最近では，木材を原料とするバイオエネルギーが注目されている．

　木造建築は「都市の森林」と称されている．森林という言葉の持つ生態系としてのイメージを伐採，使用時の木材にも受け継ぎ，そしてその耐用性やリサイクル

問題などの都市の資源ストックとしての心構えを強く意識したものである。

木材は「CO_2の缶詰」

「CO_2の缶詰」と称される木材は，一般に1 m^3あたり225 kgの炭素を貯蔵していると推計されている。標準的な木造住宅に使用される10.5 cm角・長さ3mのスギの柱材には，約6 kgの炭素が貯えられており，延床面積120 m^2の2階建木造住宅の場合，約23 m^3の木材を使用するので，約5トンの炭素を貯蔵していることになる。この約5トンの炭素貯蔵量は，国民1人あたりCO_2排出量の2年分に相当する。つまり，1棟の木造住宅を建てれば，2人分のCO_2排出量を相殺できることになる。こうしたことから，木造住宅は炭素バンクの働きをしているといわれる。

木質バイオマス資源のカスケード型有効利用

滝の水が高いところから低いところに流れるように，資源の本来の特性を生かした製品をつくり，その製造過程で出てくる余ったものや残ったものを，ふたたびほかの製品の素材や原料として使っていく工程を繰り返し，多くの用途に有効利用しながら最後までむだなく原料を使い切っていくことを，「カスケード利用」と呼んでいる。カスケードとは，階段状に分岐した小さな滝のことである。図-3.5.2は，木質系バイオマスから得られる資源のカスケード利用の現状と将来の方向性を示

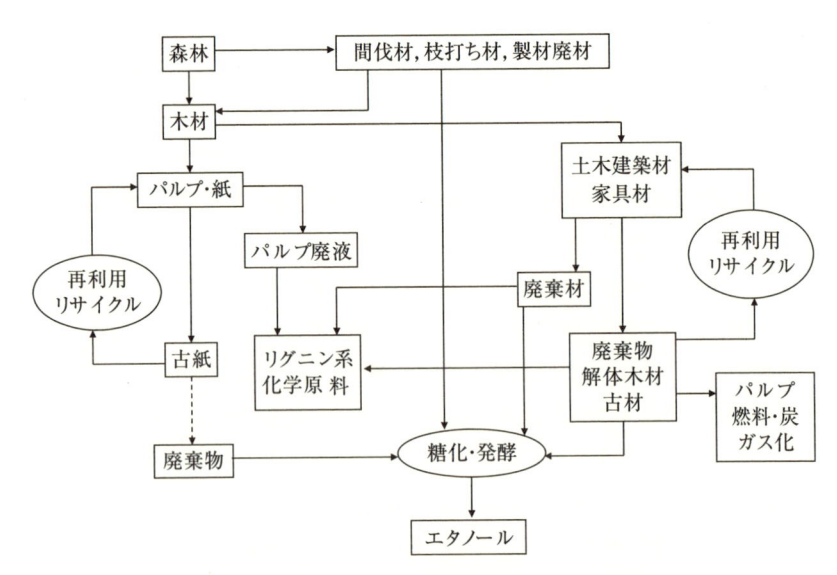

図-3.5.2 木質バイオマス資源のカスケード型利用

したものである。発酵法や化学的変換法を織り込んだカスケード利用により，材料物質としての利用だけでなく，自動車燃料や化学原料への変換利用が可能となる。

3.5.5 木質バイオリファイナリー

　バイオリファイナリーとは，バイオマスから燃料，エネルギー源，化学品を化学産業，エネルギー産業として体系的に生産することであり，20世紀に発達した石油化学工業を，根本的に変える新しいコンセプトである。石油代替資源としてのバイオマスの利用拡大は，地球温暖化ガスの排出削減に大きく貢献できる。地球環境維持と人類存続の両立をめざし，森林資源（木質）を持続的に生産・利用していくバイオ技術について大きな期待が寄せられている。

　樹木（木質バイオマス）は年輪構造に光合成産物を持続的に蓄積することが可能で，太陽エネルギーのもっとも効率的な変換・貯蔵システムといえる。また，木質バイオマスは山岳地帯や低降水量地帯など農業と競合しない地域でも生産可能であることから，トウモロコシやサトウキビなどのエネルギークロップに替わる次世代バイオマスとして期待されている。木質バイオマス資源は，セルロース，ヘミセルロース，リグニンなど，ポリマー成分の複合体である。樹木をはじめとする植物の細胞壁ではこれらの成分が複雑なマトリックスを構成し，強固な組織を構成している（**図-3.5.3**）この物理的な性質を生かして，木材は建築材など半恒久的に利用されている。一方，構成成分はその化学的性質を生かして，種々の素材として使われ，将来は化学合成原料として使われることが期待される。これらの成分はポリマーとして利用するプロセスとその構成成分を利用するプロセスがある。資源の生産から変換にいたる各段階においてバイオテクノロジーの導入が可能であり，技術開発が進められている。

　図-3.5.4に木質バイオマスをエネルギー源として用いるときの，現在想定されている利用形態を示す。分類では大きく3つに分けられる。木質バイオマスのもっとも単純なエネルギー利用は燃焼である。木材は炭素含量約45％の多糖類（セルロースとヘミセルロース，全体量の65〜75％）と約60％のリグニン（全体量の20〜30％）から構成されている。単位重量あたりの発熱量は炭素含有量に依存するために，石油よりもかなり劣る。ガス化，液化の研究も，盛んに行われている。

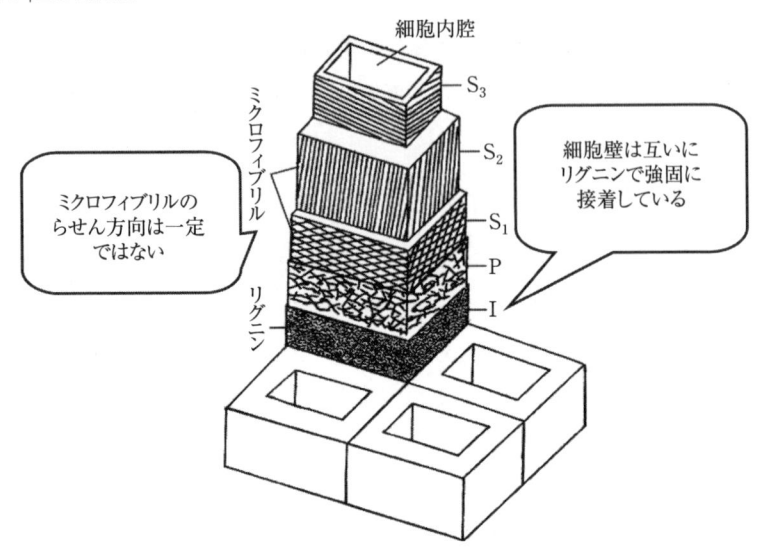

図-3.5.3 巨大な樹体を支える木材細胞の構造

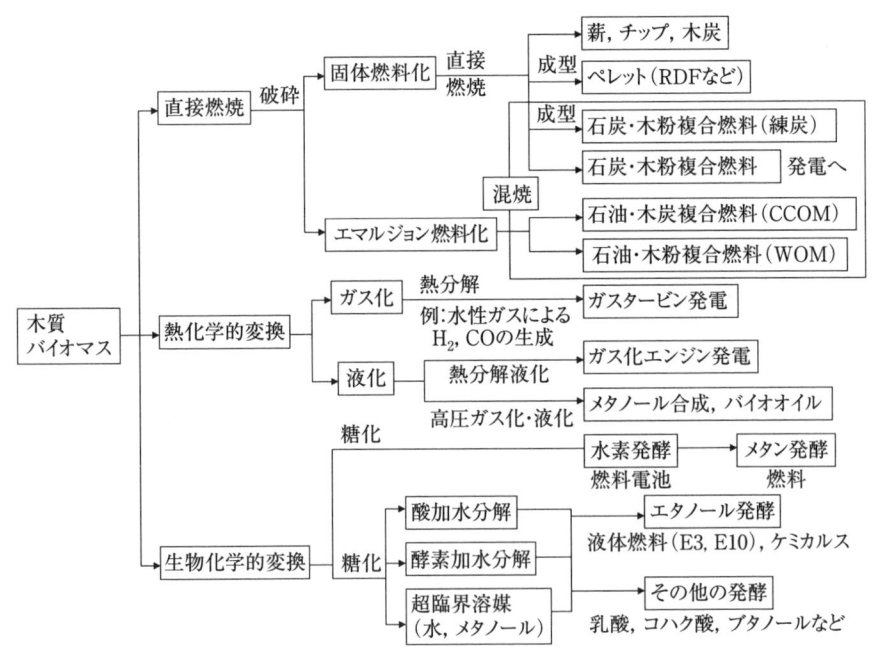

図-3.5.4 木質バイオマスのエネルギー利用形態

木質資源の利用の各段階において進められているバイオテクノロジーの導入の概要を図-3.5.5に示す。成分の利用においては，まず，適当な形やサイズに加工するための機械的な処理が行われる。ついで，原料の強固な組織を破壊し，また，各成分に分離するための前処理が必要である。成分の分離には，物理的，物理化学的および化学的な方法が開発されているが，微生物を用いる方法も可能である。キノコを用いることにより，組織の破壊を行うとともに，リグニンを分解し，セルロースやヘミセルロースを効率よく利用できる。

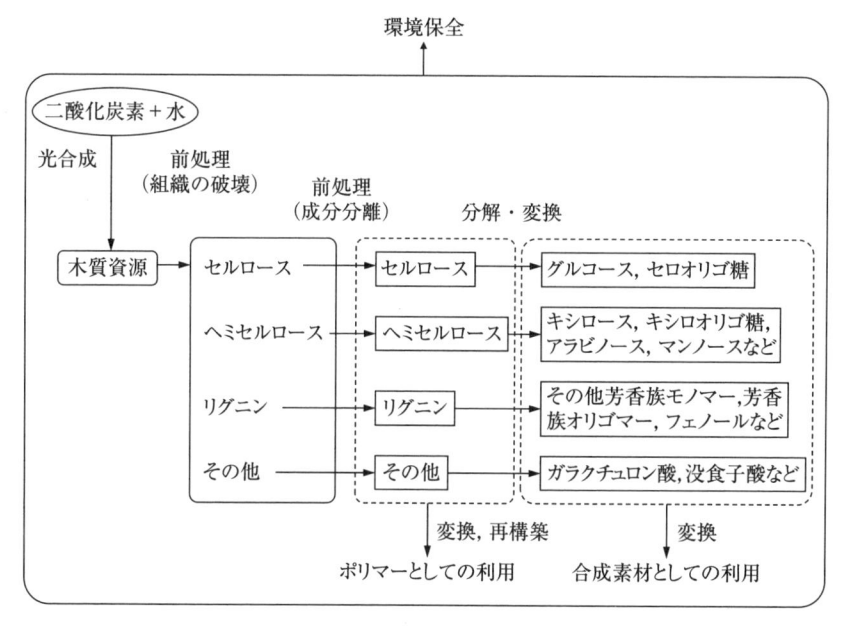

図-3.5.5　木質資源の利用におけるバイオテクノロジーの寄与（点線部）

3.5.6 キノコによるバイオマス変換

(1) キノコの木材腐朽作用

　キノコは，菌類の中で進化的に最上位にあり，植物の主要構成成分を分解して生態系の物質循環を担い，環境汚染物質を分解し，生きた植物の根に共生してその生育を助長する。木材腐朽菌は，木材を腐朽させて生活している菌を指す。腐朽された木材の外見により，白色腐朽菌，褐色腐朽菌，軟腐朽菌に分けられる。

白色腐朽菌は，セルロース，ヘミセルロース，リグニンを同程度に分解する。リグニンも低分子化されるため，腐朽材は色があせ，白く見える。シイタケ，エノキタケ，ブナシメジ，ナメコ，マイタケなど人工栽培できるキノコの多くは白色腐朽菌である。褐色腐朽菌は，セルロース，ヘミセルロースを同程度分解する。リグニンはある程度まで低分子化されるが，完全には分解しない。腐朽すると，リグニン含有率は腐朽前より上昇するので褐色に見える。マツオウジ，マスタケ，カンゾウタケ，ハナビラタケは褐色腐朽菌である。

(2) 白色腐朽菌によるリグニン分解

植物体の基本構造は，セルロース繊維の間や周りにヘミセルロースが結合し，一番外側を地球上でもっとも難分解性の天然芳香族高分子であるリグニンが取り囲む形となっている。これらの中でとくに有用なのは，そのままでも幅広く利用されるし，糖・アルコールへの変換が可能な多糖類である。リグニンはフェニルプロパン構造を基本単位とした難分解性高分子であり，現段階ではリグニン除去に有機溶媒，アルカリ，塩素などを用いて処理する方法が開発されているが，環境汚染物質を含む多量の廃液が出るため，代わりとなる環境に優しいリグニン分解・除去技術の開発が必要である。

とくに，天然のリグニンを単独で無機化（CO_2 と水に分解）することができるのは，地球上に多種多様な生き物が存在する中で，担子菌（キノコ）だけである。白色腐朽性担子菌はフェノールオキシダーゼのラッカーゼ，ペルオキシダーゼのリグニンペルオキシダーゼおよびマンガン（II）ペルオキシダーゼなどの高分子リグニン骨格を分解する酵素を分泌し，効率良くリグニンを分解している。したがって，食用ではない担子菌類の産業への利用としては，植物バイオマスであるリグノセルロースの生物的処理法に用いることがもっとも有効であると考えられる。

(3) キノコによるバイオマス変換前処理

白色腐朽菌によるリグニン分解をバイオマス変換に利用する試みは，飼料化とバイオパルピングを中心に研究されてきた。飼料化はリグニンによる細胞壁多糖の被覆を破壊して，反芻家畜がバイオマス中のセルロースやヘミセルロースを分解・利用しやすくする処理であり，糖化前処理とみなすこともできる。反芻家畜の第一胃（ルーメン）中には植物細胞壁多糖の分解力を持つ嫌気性微生物群が棲息する。チリ南部では，*Ganoderma australe* 等の白色腐朽菌を用いて木材を腐朽させ，腐朽木材から家畜飼料をつくる palo podrido と呼ばれる飼料化法が行われ

ている。菌処理によって消化率は75％上昇する。スギ材を白色腐朽菌 *Ceriporiopsis subvermispora* で菌処理すると，消化性は上昇する。スギ材が，*C. subvermispora* 処理によって，ルーメン微生物の植物細胞壁分解酵素群の作用を受けやすい状態に変化したことを示しており，選択的白色腐朽菌処理によりスギ材がさまざまな発酵生産に利用できる可能性を示唆している。

　バイオマスのエネルギーへの変換法のひとつとして，バイオマスの主要な構成成分であるセルロース・ヘミセルロースを単糖化し，さらに発酵法によりエタノールを生産する技術が考えられる。木材細胞壁多糖をセルラーゼ，ヘミセルラーゼで糖化した後，発酵により有用物質を生産するためには，木材細胞壁の密なパッキングを破壊して細胞壁多糖を露出させる前処理が必要となる。リグニンを常温で分解する白色腐朽菌による前処理は処理時間が長いという欠点はあるものの，有害な薬品を使用しないこと，エネルギーインプットが小さいこと，菌株によっては針葉樹材に対しても高い効果を与えることから注目される。そのプロセスは，前処理，単糖化，エタノール発酵，そして蒸留・濃縮の各段階から成り立つ。単糖化のプロセスには酸加水分解法と酵素糖化法が存在する。酵素糖化法は酸加水分解法に比べて穏和な温度条件で反応ができることから，エネルギー的にみても，反応装置的にみても，さらに引き続き行うエタノール発酵との関係においても大きな利点がある。白色腐朽菌 *C. subvermispora* は，木材の酵素糖化・エタノール発酵前処理においても，糖化促進効果を示した。

3.5.7 木材資源のリサイクル

(1) 建設廃木材のリサイクル

　「建設発生木材については，チップ化し，木質ボード，堆肥等の原料として利用することを促進する」と定められた。これは，いわゆる「建設リサイクル基本方針」の中の一文である。2000年に公布された循環型社会形成推進基本法では，発生の抑制，循環的な利用と適正な処分によって循環型社会の形成を目指している。また，廃棄物等のうち有用なものを「循環資源」と位置づけ，処理の優先順位を，① 発生抑制，② 再使用，③ 再生利用，④ 熱回収，⑤ 適正処分の順と法定化し，このうち，②～④を「循環的な利用」と定義している。熱回収が循環的な利用に含まれたことは，サーマルリサイクルを加速させることとなり，その後の動向に大きな影響を与えた。

また、「建設リサイクル法基本方針」の中で、建設発生木材が特定建設資材廃棄物として指定され、平成22年度における再資源化率が95％として示されたことにより、マテリアルおよびサーマルリサイクルへの取り組みが注目を浴びることとなった。木質構造物から発生する木材の再資源化について以下の9項目に分類することができる。① 建物のリユース，② 建築部材としてリユース，③ 建築以外の部材としてリユース・リサイクル，④ 再構成して建築部材としてリサイクル，⑤ チップ化してリサイクル，⑥ マルチング材としてリサイクル，⑦ 炭化してリサイクル，⑧ サーマルリサイクル，⑨ 適正処理。

(2) 建物のリユース

建物を増改築や改修により持続的に使用することであり、リフォームもリユースの一形態とみることができる。用途変更などを行い、建物を持続的に使用することもリユースといえる。古民家の移築などは典型である。

(3) 建築部材としてリユース

柱や梁など建物を構成する部材（古材）を同様の構造部材として再使用することなどがこれにあたる。柱を柱として再使用することが典型である。古材の供給元になる建築は民家が圧倒的に多く、建築時期は江戸後期から昭和戦前期までがほとんどで、築年数にして50～200年、もっとも多いのは100年前後である。また、部材と樹種の関係は、梁はケヤキ、マツが多く、柱はスギ、ケヤキが多い。一方、大黒柱はケヤキが多く、土台はクリが多い。古材の強度については、一般には目視と打診によって行われており、同寸であれば新材より古材の方が強いと思われている。

(4) 建築以外の部材としてリサイクル

造園や土木資材として再使用する場合がこれにあたるが、量的な把握はできていない。その他に、古材を家具の材料として利用する例もあり、また、木タイルやインテリア小物などの加工材の原料としての販売も行われている。

(5) 再構成して建築部材としてリサイクル

リユースとマテリアルリサイクルの中間的な概念であり、解体材からラミナを加工し、集成材として再利用するような場合がこれに相当する。再構成して構造用の部材、とくに柱材をつくることでリサイクルの循環を促進することが試みられている。解体材のうち、主に柱・梁材を用いて木質軸材料の製造可能性が検討されている。

(6) チップ化してリサイクル

2002年には，建設発生木材のうち284万トンがチップ化施設により再利用されている。パーティクルボード原料として利用する際，再資源化施設（チップ工場）を通さず直接持ち込まれた廃木材は，二軸剪断式破砕機で粗粉砕した後，ハンマーシュレッダーを通してチップ化する。これに磁選機や金属探知器，スクリーンや風選による異物除去を行い，原料として供給される。

日本繊維板工業会の2005年統計資料によると，パーティクルボード原料の72％，繊維板原料の20％に建築解体材が使用されている。今後，さらに利用率は増加するものと予測されているが，パーティクルボードと繊維板の国内生産と輸入の総和は年間300万m^{3}ほどである。一方で，解体廃木材の発生量が年間1 000万m^{3}のオーダーであることを考えると，再生ボードが解体材を100％使用したとしてもすべてを賄うことは不可能である。チップ化した後の利用方法としてはマルチング材や家畜敷料としての利用のほか，炭化してリサイクルするなどが考えられているが，大量にはけるわけではない。量を考えるのであれば，製紙原料の用途を検討する必要がある。

解体材をボイラーの燃料とすることや発電用の燃料とすることが行われており，また，セメント工業や石炭火力発電への利用などが検討されている。サーマルリサイクルは法の解釈の上では，循環的な利用に該当し，再資源化率にカウントされるが，炭素固定の評価からはマテリアルリサイクルとサーマルリサイクルは分けて考える必要があろう。

(7) サーマルリサイクル

建設発生木材のリサイクルに関する技術課題が検討された当初は，サーマルリサイクルはマテリアルリサイクルを補完する位置づけとして，ボイラー燃料としての利用，セメント工業や石炭火力発電への利用などが検討された。しかしながら，エネルギー利用は個々の施設の規模がマテリアルリサイクル施設よりも大きいため，大型ボイラーや発電が稼動を始めると，状況は変化した。最近ではサーマル利用の増加により，商業的に成り立っていたマテリアル利用の廃木材チップが不足する事態が生じている。

3.5.8 木質バイオマスシステム構築におけるLCA的評価

(1) LCAの概念

　LCAとは，Life Cycle Assessmentの略号で，図-3.5.6に示した製品やサービスの原材料の採掘や資源調達から材料や部品の製造，製品の製造や組み立て，製品の流通や消費，使用や使用中の修理・メンテナンス，使用後の廃棄やリユース・リサイクルに至るまでのライフサイクルにおいて，投資した資源量やエネルギー量，大気や水，土壌といった環境に与えた負荷量を求め，環境への影響や潜在的影響，資源の枯渇を総合的に評価する一手法である。LCAは，対象製品をそのライフサイクル全体を俯瞰的に見るという観点と，自然と人工の領域を明確に分けてその両領域間の物質移動を認識するという観点を含んでいる。

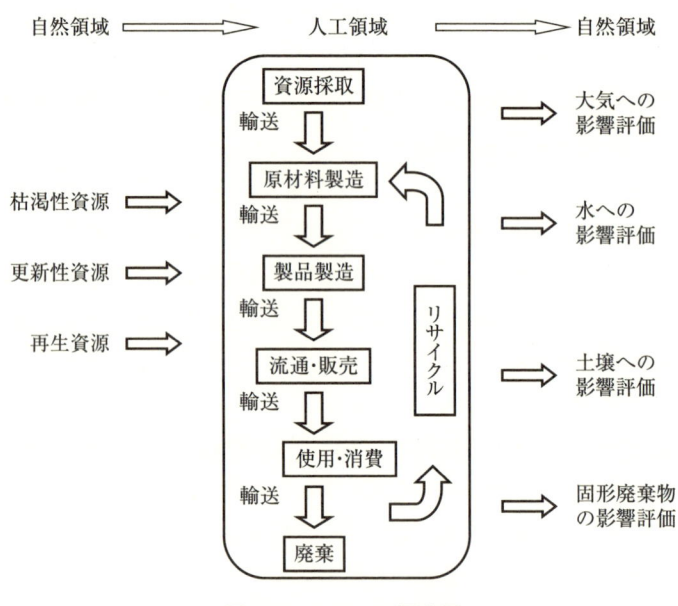

図-3.5.6　LCAの概念図

(2) LCAの構成

　構成は，図-3.5.7に示したように，① 目的および調査範囲の設定(Definition of goal and scope)，② インベントリ(Life Cycle Inventory Analysis, LCI)，③ 影響評価(Life Cycle Impact Assessment, LCIA)，④ 結果の解釈(Interpreta-

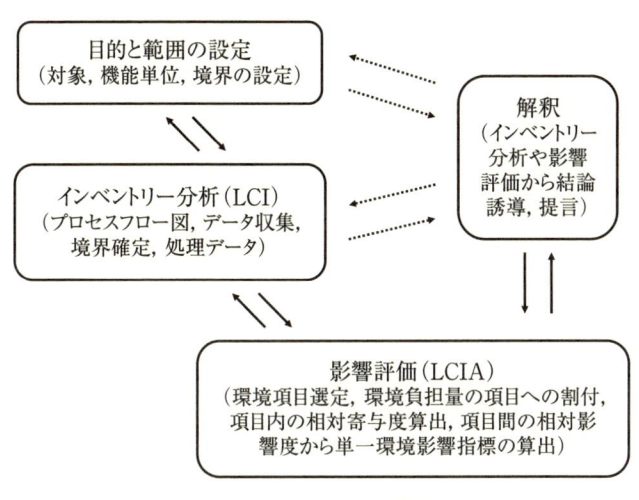

```
        目的と範囲の設定
      (対象, 機能単位, 境界の設定)
                ↕
      インベントリー分析(LCI)
      (プロセスフロー図, データ収
       集, 境界確定, 処理データ)
                ↕
           影響評価(LCIA)
    (環境項目選定, 環境負担量の項目への割付,
     項目内の相対寄与度算出, 項目間の相対影
     響度から単一環境影響指標の算出)

           解釈
      (インベントリー
       分析や影響
       評価から結論
       誘導, 提言)
```

図-3.5.7　LCAの構成

tion of results)の4段階に分けられる．実施に当たっては，常にこの流れに沿って実行していくのではなく，適宜フィードバックしながら，設定した条件を吟味・解釈して，進めていかなければならない．

目的と範囲の設定では，評価したい対象製品の選定，評価の目的や報告する相手，結果を求めるに当たっての機能単位，直接効果はもちろんのこと，どのレベルの間接効果まで含めるかという境界をそれぞれ設定しなければならない．

LCIでは，プロセスの流れ図作成，投入資源やエネルギーの種類と量や生産される製品や副製品の量，資源採取から製造・使用・廃棄に至るまでの環境負荷の種類と排出量といったデータの収集，調査対象とするシステムの境界設定，不足データの他のデータベースからの補充や類似データの転用，類似プロセスや製品との比較による信頼性向上を行い，プロセスごとのInput-Outputを求め，合算する．この作業では，投入原材料や中間製品の単位取扱量当たりのOutput量を原単位と称して用いる．それらの物質が各プロセスにおいてさまざまな量で使用されるときに，投入量×原単位で投入資源量やエネルギー量，環境負担量が容易に求められるからである．ここでの投入量の詳細をフォアグランドデータ，原単位をバックグランドデータという．なお，Inventoryとは，商品や財産などの詳しい目録のことである．

LCIAは，インベントリの結果に基づき対象製品のライフサイクルを地球温暖化など潜在的な影響領域(Impact category)と関連付けて評価する段階で，類型化

(Classification), 特性分析 (Characterization), 正規化 (Normalization), 重み付け (Weighting), 統合化 (Integration) の順に進める。影響評価では，インベントリ結果である消費資源や環境負荷量を，目的で選んだ関連する地球温暖化やオゾン層破壊，富栄養化といった影響領域に割当てるという類型化を行う。類型化で一つのカテゴリーに割り振られた環境負担物質は，その影響領域内で，別に提案されているモデルを参考に，合算される。この作業は，特性分析と呼ばれ，環境負担物質のその影響領域への寄与の度合いを表す特性化係数 (例えば，**表-3.5.1** の地球温暖化指数，GWP) と負荷量との積をとり，影響指数という総和を求めることである。得られた製品の影響領域ごとの影響指標は，分母となる地球や日本という地域の中での相対的な影響の度合いが異なるので，つぎのステップに進めない。そこで，正規化により，無次元の影響指数に変換される。環境カテゴリー間の重要性は民族や地域などの違いに起因する価値観の違いが存在するので，単一指標化するには，これらに重み付けを行って修正影響指数を求める必要がある。この重み付けについてはいくつかの LCA 研究機関から提案されているが，世界標準は今のところ確立されていない。重み付けができれば，各指標を合算し，製品の環境への影響をたった1つの数値で表す単一指標化あるいは統合化が行える。この数値が大きいほど，環境への影響が大きいことになり，機能が同じ互換製品の選択が可能となったり，環境への優しさという観点から，新たに開発された製品の従来品との比較が可能となる。しかし，現実には，環境負荷量は科学的に求められるものの，正規化や重み付けには，主観的価値判断となる国や地域における意識や価値観の違いが反映されるので，ある製品を1つの物差しで評価することは困難である。この状況を鑑み，ISO では，類型化と特性分析までを

表-3.5.1 Global Warming Potential 例
(IPCC (2001) 第3次評価報告書抜粋，20年スパン)

環境負荷物質	GWP ($kg\text{-}CO_2/kg$)
二酸化炭素 (CO_2)	1
メタン (CH_4)	62
亜酸化窒素 (N_2O)	275
クロロフルオロカーボン類 (CFC_S)	4 900〜10 200
ハイドロフルオロカーボン類 (HFC_S)	40〜9 400
六フッ化イオウ (SF_6)	15 100

必須要素とし，それより後の手順を付加的要素として区別し，他の製品との比較に用いることを禁じている。投入する原材料や部品，製品のプロセスなどを換えると，環境負荷量が変わり，最終結果である正規化された指標が変化する。この感度分析から，その製品やサービスを，機能を変えずに，より環境に優しいものへと転換する新たな提案が行える。

以上の手順で得られた結果を基礎に提言を行って，LCAが完結する。LCAの最大の欠点は証明ができないことであるので，第三者になる専門家によるクリティカルレビューが望まれ，とくに，公表しようとする製品比較のような結果についてはそのチェックが不可欠である。環境負荷量と被害も含めた環境影響の間に確固たる関係が明らかにされていない現状では，LCA研究の大部分はインベントリ（LCI）の段階で終わっている。

(3) 使える原単位

インベントリにおける環境負荷量の算出は，単位プロセスにおける物質の投入量にその物質の原単位と呼ばれる基本取扱単位量当たりの排出量を乗じる作業を全プロセスについて行うことで求められる。原単位といえども，インベントリによって求められたものであり，インベントリには，ミクロな分析に向いている積み上げ法とマクロな分析に向いている産業関連法があることと，国や地域によって事情が異なり，それによる環境負荷量が異なるので，どちらの方法で求められた原単位かを把握の上で用いる配慮が必要である。例えば，積み上げ法で求められた原単位を採用すると，工場の立地についての違いをより詳しく知ることができるが，産業関連法で求められた原単位を用いると，日本のどこに立地しても，輸送以外の環境負荷結果は同じになり，その違いをよく知ることはできない。要は目的に応じて用いる原単位を使い分ける必要があり，インベントリの原則では，まず積み上げ法に基づく原単位を用い，それが無ければ産業関連法に基づく原単位を用いることとされている。積み上げ法に基づく原単位の代表，すなわち，日本で使えるもっとも信頼性の高い原単位はJEMAI-LCA Proに搭載のものであり，産業関連法に基づく原単位の代表は3EIDである。

(4) 影響評価の実施

LCIAとはインベントリで得られた環境負荷物質が目的で設定した影響領域へ統合化によってどのように影響するのかを調べることである。歴史的には，図-3.5.8に示した流れ図で見ると，環境負荷量を国や地域の全排出量で正規化し，Distance

第3章 生態系循環論

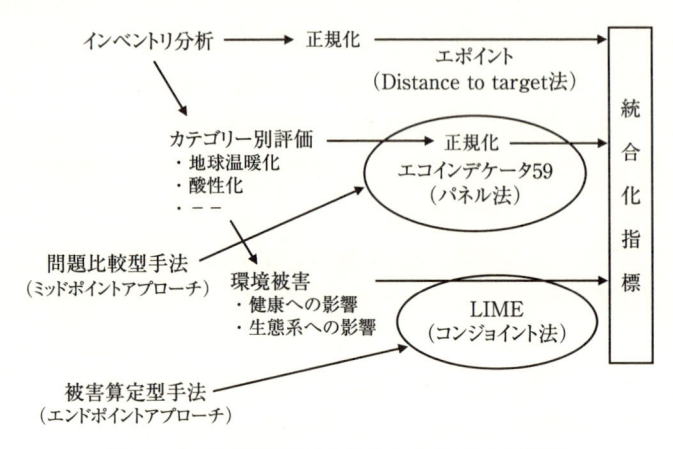

```
インベントリ分析 ──────→ 正規化
                ↓              エコポイント
                          (Distance to target法)      統
         カテゴリー別評価 ──→ 正規化                    合
           ・地球温暖化        エコインデケータ59         化
           ・酸性化           （パネル法）               指
           ・‐‐‐                                        標
       問題比較型手法
       （ミッドポイントアプローチ）  環境被害
                              ・健康への影響      LIME
                              ・生態系への影響   （コンジョイント法）
       被害算定型手法
       （エンドポイントアプローチ）
```

図-3.5.8　影響評価における統合化手法の比較

to Target法と呼ばれる削減目標値までの隔たりに応じて与えたポイントの総和を求めるエコポイント法がまず開発された．つぎに，環境負荷物質のインパクトカテゴリへの影響を通じて単一指標化する分析方法が開発された．ところが，インパクトカテゴリの例えば温暖化が進んでも，人間や社会にどのような影響，すなわち被害が発生するかがはっきりしないことから，近年になって，環境負荷物質のインパクトカテゴリへの影響を介して引き起こされる最終被害との関係を求め，単一指標化する分析方法が確立された．カテゴリーという影響領域に問題という中間区分と被害という最終区分が定義されたことから，前者の評価手法をミッドポイントアプローチ，後者のそれをエンドポイントアプローチと呼ぶようになった．**図-3.5.8**に掲げた3つの統合化手法の内，我が国で使用可能なものはエコポイント法とLIMEである．

　エコポイント法とは，スイスの環境庁で開発されたもので，排出物質ごとに国や地域の目標排出量を定め，現状値の目標値からの隔たりを数値化し，排出物質ごとに絶対値が異なることから正規化を行い，統合化したものである．この数値は，スイスではエコポイントと呼ばれるが，日本では，次式において，環境政策優先度指数（Japan Environmental Policy IndeX，JEPIX）と名付けられ公開されている．JEPIXに排出量を乗じた値がEIP（Environmental Impact Point）と呼ばれる環境負荷となる．

$$環境負荷(EIP) = \frac{Fa（日本全体の現状値）}{Fk（日本全体の目標値）} \times \frac{1 \times 10^{12}}{Fk（日本全体の目標値）} \times 排出量$$

2003年日本版被害算定型影響評価手法(Life cycle Impact assessment Method based on Endpoint Modeling, LIME)が開発された。この手法は，LCIA の主要ステップである類型化，特性分析，重み付け，統合化すべての計算を可能にするものである。評価の最終値である単一指標は，他の影響評価とは異なり，無次元の係数で表すか，社会的コストに相当する円で表すかが選択できる。環境対策実施の判断を説得力のある形で示すことになる。LIME の統合化過程に置いては，予測被害を防ぐために，トレードオフの関係にある設問を通じて支払意志額をアンケートにより尋ねるコンジョイント分析を行い，得られた重み付け係数を用いている。アンケートは東京で取られたので，日本全体の意志を公平に現しているとはいえないので，日本各地でアンケートを取り直し，その意志を反映した LIME2 がまもなく使えるようになる。保護対象にある被害指標として，人間健康には保険統計学などで国際的に利用される障害調整生存年(Disability-Adjusted Life Year, DALY, 年)を，社会資産には農作物，森林，水産物，資源が受ける影響を包括的に計量できる経済指標(Yen, 円/kg)を，生物多様性には保全生態学における絶滅リスク評価を基に定義した絶滅種数増分期待値(Expected Increase in Number of Extinct Species, EINES, 種の数)を，一次生産には生態学や緑地学における生態系の豊かさを示す指標として用いられる純一次生産力 (Net Primary Productivity, NPP, $kg/m^2/y$)を，それぞれ用いている。

(5) LCA の用途

LIME による統合化指標が被害額で算出可能になったことから，フルコスト評価(Full Cost Assessment, FCA)が可能となった。FCA とは，ある製品の一生の間に支払われる製造コスト，使用コスト，廃棄コストの総和である内部コストと製品の一生で生じた環境負荷が社会に与える潜在被害額である外部コストの総和のことである。この外部コストを LIME で求めるわけである。これによって，例えば，環境負荷削減のために膨らんだ内部費用とその結果得られる外部費用の削減を比較し，その製品をどの程度環境に優しく製造すれば効果的かを知ることができる。ちなみに，ある省エネルギー製品で，製造にコストが掛かり売値は高くなったが，使用段階の電力が節約でき，全体として安くなるといった分析を行う手法がライフサイクルコスティング(Life Cycle Costing, LCC)である。

LCA では，機能を揃えて製品を比較することが原則である。機能が同じならば，環境影響が小さいほど良い製品と判断され，環境への影響が同じならば，機

能の優れた製品が良い製品と判断される。このことは，製品を，環境へ与える負荷を基準に提供する機能の点から評価することになり，この考え方を環境効率(Eco-Efficiency)という。扱う対象は，製品のみならず，企業や自治体，国家も含められるので，経済と環境パフォーマンスを関連づけた経営指標になりうる。一般にはつぎの式で表されるが，分子・分母に用いる物理量はとくに規定されておらず，同一基準で算出された場合を除き，比較する場合には注意が必要である。

$$環境効率(EE) = \frac{製品・サービスの価値}{環境負荷量}$$

3.6 環境修復技術

汚染物質のなかには，環境中に排出されるとすぐに分解してしまうものや，難分解性でいつまでも環境中に留まるもの，低濃度でも生態系に影響を及ぼすものから，高濃度になって初めて影響を示すものなど，かなり多様なものが存在する。汚染物質の種類や濃度などの汚染状況も汚染サイトごとに異なる。完全に汚染物質を除去しなければならない汚染サイトがあるのに対し，ある程度除去すれば，後は自然に回復するサイトもある。このように多様な汚染に対応するためには，環境修復法もまた多様な技術が用意されていなければならない。

3.6.1 修復技術の分類

環境修復技術は，修復の基礎的概念によって**表-3.6.1**のように，汚染物質の①封じ込め，②分離，③分解の3つに分類される。この分類法はおもに土壌汚染の修復法に適用されているものであるが，修復法全体にもあてはまる。封じ込めは汚染物質を難溶性の化学種に変換する，ガラス固化する，透水速度の遅い粘度の壁などで囲うなどして，汚染物質を限られた場所に閉じ込め，それ以上拡散しないようにするものである。分離は種々の物理的あるいは化学的手段によって，汚染物質を汚染箇所から分離・除去しようとするもの，分解は化学反応や微生物による代謝反応を利用して，汚染物質を毒性のない物質に変換し，あるいは二酸化炭素と水に分解してしまう方法である。もちろんこれらの方法が単独で使用されるよりは，一定期間汚染物質を封じ込め，その後分離し，分離された汚染物質

表-3.6.1 土壌修復技術

修復の原理	修復技術
封じ込め法　containment	スラリーウォール　slurry wall 固化/安定化　solidification/stabilization ガラス固化　in situ vitrification
分離法　separation	土壌洗浄　soil washing 溶媒抽出　solvent extraction 土壌フラッシング　in situ soil flushing 電気化学的修復法　electrokinetic remediation ファイトレメディエーション　phytoremediation
分解法　degradation	焼却　incineration 熱分解　pyrolysis 化学的酸化　chemical oxidation 光化学的酸化　photochemical oxidation バイオレメディエーション　bioremediation

を分解処理するというように，いくつかの方法が組み合わされて修復が達成される。

環境修復技術はまた，汚染物質の修復を汚染された場所で行う原位置 in situ 法と，汚染されたものを処理場のあるところまで運搬して行う搬出 ex situ 法に分類される。汚染土壌の場合，土壌を掘り出す作業や運搬時に汚染土壌が周辺に撒き散らされることによる二次汚染の恐れもある。そのため土壌を掘り出さずに汚染物質だけを取り出すことのできる in situ 法の開発の試みが近年数多く行われている。

3.6.2 バイオレメディエーション

汚染した環境中から生物の働きを利用して汚染物質を除去あるいは浄化する方法をバイオレメディエーションと呼ぶ。バイオレメディエーションが注目されるようになったのは，1989年アラスカ沖での原油流出事故である。寒冷な沿岸で流出原油の除去に原油分解バクテリアを利用したのである。微生物を利用する場合，具体的には，以下の2つの方法がある。

(1) バイオオーギュメンテーション

汚染物質に特異的な分解能力を有する微生物を現場に接種して汚染物質を除去する方法。遺伝子組換え微生物（GEM）あるいは単離培養微生物を利用する。例

えばドライクリーニングに使用されるトリクロロエチレンで汚染されている地下水にトリクロロエチレン分解菌を適当量加えて除去する。GEMを用いる場合は，安全性の観点から野外での利用が制限を受け，内外の法令にしたがわなければならない。

(2) バイオスティムレーション

汚染現場に潜在する，汚染物質を分解することのできる微生物あるいはコンソーシア（複数の微生物種から構成される共同体）の増殖を促し，汚染物質除去を加速させる方法。これは汚染サイトが有する浄化能（ナチュラルアテニュエーション：自然減衰）を基本にした技術である。具体的には現場での分解微生物の増殖を律速している因子を外部から添加する。例えば，原油汚染環境では微生物にとって炭素が過剰供給状態に陥っている。不足した栄養塩成分である窒素やリンを添加し，分解菌の増殖を促進する。この方法は，分解菌の増殖に時間を有するため，オーギュメンテーションに比して処理時間が長く，分解菌や汚染物質などの長期モニタリングが必要である。

以上のように，バイオレメディエーションは微生物などの多様な機能を利用するという点で有効で，かつ，経済的である。とくに，物理的な除去の不可能な低濃度の汚染物質の浄化には微生物が力を発揮する。しかし，生物を利用する以上，生態系への影響について充分配慮する必要がある。これまでに，バイオレメディエーション技術に有用な微生物が多数発見され，その代謝経路の解析，さらにはその増強が分子レベルで行われつつある。しかしながら，実際の汚染現場などいわゆるフィールドにおいては実験室で評価したほどの微生物の能力が発揮されないことが多い。これは栄養/水分，温度，酸素濃度といった物理的化学的環境が実験室とは異なることによる細胞自身の低い生育速度や，物質代謝速度の問題や，先住の微生物種との生存競争に負けてしまうことがその原因であると指摘されている。

(3) 白色腐朽菌による POPs の分解

残留性（難分解性），生物蓄積性，長距離移動性，毒性のすべての特性を有する物質として定義されている残留性有機汚染物質（Persistent Organic Pollutants, POPs）はダイオキシン類やPCBをはじめとして合計12物質が対象となっている。2001年5月に「残留性有機汚染物質に関するストックホルム条約」が採択され，国際的に協調してPOPsの削減，廃絶等を推進することとなった。この環境問題に

対し世界中の研究者がさまざまな取り組みを行っている。最近，木材腐朽菌の一種である白色腐朽菌が，環境汚染物質の分解能に優れていることが明らかとなった。白色腐朽菌により分解が可能であるとされる主な汚染物質を**表-3.6.2**に示す。DDT，クロルデン，PCB類，ダイオキシン類，多環式芳香族炭化水素など多くのPOPsの分解が報告されている。

表-3.6.2　白色腐朽菌による分解が報告されている環境汚染化合物

多環式芳香族炭化水素（PAH）	Alachlor	1,3,6,8-TetraCDD
Naphthalene	Metolachlor	OCDD
Phenanthrene	2,4-D	**塩素化ビフェニル**
Anthracene	2,4,5-T	2-MonoCB
Fluoranthene	DDT	4,4'-DiCB
Benzo(a)pyrene	CNP	2,4',5-TriCB
Benzo(b)fluoranthene	**クロロフェノール**	2,4,2',4'-TetraCB
Benzo(k)fluoranthene	2-Chlorophenol	3,4,3',4'-TetraCB
Indeno(ghi)pyrene	4-Chlorophenol	2,3,3',4,4'-PentaCB
Benzoperylen	2,4-Dichlorophenol	2,3',4,4',5-PentaCB
Fluorene	2,4,6-Tetrachlorophenol	3,3',4,4',5-PentaCB
芳香族炭化水素	2,4,5-Tetrachlorophenol	2,3',4,4',5,5'-HexaCB
Benzene	Pentachlorophenol	**アゾ系染料**
Ethylbenzene	**ニトロ化合物**	Orange II
Toluene	Dinitrotoluene	Tropaeolin
Xylene	Trinitrotoluene	Congo red
塩素化アルカンおよびアルケン	Nitroglycerin	**トリフェニルメタン系染料**
Tichloroethylene	**クロロアニリン**	Crystal violet
Carbon tetrachloride	4-Chloroaniline	Cresol red
Chloromethane	3,4-Dichloroaniline	Bromphenol blue
農薬，殺虫剤	**塩素化ダイオキシン**	Ethyl violet
Aldrin	2-MonoCDD	Malachite green
Dieldrin	2,7-DiCDD	Brilliant green
Chlordane	2,3,7-TriCDD	**合成高分子**
Lindane	2,3,7,8-TetraCDD	Polyvinylchloride
Endosulfan	1,2,8,9-TetraCDD	Polyvinyl alcohol
Atrazine	1,2,6,7-TetraCDD	Nylone-66

3.7 循環型共生社会への挑戦

3.7.1 循環型共生社会とは

　循環型社会をつくるために，環境基本法(1993年11月公布・施行)，循環型社会形成推進基本法(2000年6月公布，以下「循環基本法」と略記)の下に，循環型社会形成基本計画(以下「基本計画」と略記)が，2003年3月に策定された。この基本計画は，従前の下流側に廃棄物を押し付けるという「ツケ回し」社会の反省に立ち，循環型社会に向かうための制度設計について定めている。環境政策として各種リサイクル関連処理の各種の施策が講じられている。

　循環基本法等の精神(目的)に則り，本来の循環型社会を実現するためのあるべき姿として「循環型共生社会」のイメージが提案されている。つまり，健康で文化的な生活が営め，人類の福祉に貢献できる社会を実現するという目的のためには，人間が自然の生態系，開発途上国の人々，我々の子孫という社会の3つの弱者と「共生」できるよう，資源保全・環境保全に配慮しながら，廃棄物等の質と量の流れ(種類とルートごとの物質収支)と変換(リサイクル・処理の施設機能)に注目して物質・エネルギーを循環(流れと変換のコントロール)させることである。つまり，単に「循環」だけでなく，「共生」という理念を明確に意識した，「循環型共生社会」を定義する必要があるとしている。

　森林・林業の立場からみて，健全な社会を持続させていくためには，森林生態系の諸機能と，生物材料である木材の特性を，持続的に生かしていくことが必要である。すなわち，現在の生態系の物質の循環と，エネルギーの流れの中で，水や木材などを適切に使い，人間も含めたさまざまな生物が，共存できる社会システムを構築することである。それは，それぞれの地域の生態系を，有効に生かしていく社会システムを基盤とするものであり，森林管理と木材の利用は，そのシステムの大事な部分を担うものだとの位置づけが必要である。この考えは，持続可能な森林管理の基本的な考えであり，国際的な潮流であるエコシステムマネージメントの考えに沿うものである。

　バイオマスは人工的な化学物質などとは異なり，本来，循環的な物質である。しかしながら地球規模で収支が合えばよいというものではない。生産の場所と消費の場所が極力接近することが望ましい。環境問題は地球規模に広がっているも

のの，循環の問題としてとらえるならば，基本的に「地域」の問題として考えていく必要がある。環境の問題を考える際に，エネルギーやバイオマスの循環を，どの程度の空間スケールで考えるかは，大変重要である。つまりバイオマスの循環という観点からは，「生産」と「消費」を一定の地域内で循環させることが重要であり，物質を分解したり再利用するということのみが循環型社会の考えかたではない。

経済社会では一般的と考えられていることも，環境，とくに循環型社会という観点から考えると「是」ではないことに留意する必要がある。経済面での循環のみを是とする考えかたでは，環境面で歪みを生ずることになる可能性が高い。「経済の循環」と「環境面での循環」とが大きく食い違う社会になってきており，両者のバランスを取っていくことが重要である。

3.7.2 循環型共生社会における生物資源の更新

一般に循環型社会のキーワードは抑制(Reduce)，再利用(Reuse)，再生利用(Recycle)すなわち3Rであるといわれている。一般の鉱物資源は採取可能な量に限りがあるので，資源循環のためにはこの3Rが基本である。しかし鉱物資源には新たな生産がないので，資源として確実に枯渇していく。したがって枯渇の速度をゆっくりとするための循環と位置づけられる。さらにプラスチックのように化石資源を原料としているものは再生利用として燃料利用が存在するので，それはRecycleと区分して熱回収(Recover)と位置づけることができる。もちろん，再生利用のためにもエネルギーが必要であり，二酸化炭素の増加は避けられない。

しかしながら，人類が資源を消費して生きている以上，循環型になり得るためには資源の生産が基本的な条件である。現在そのような資源の生産は木材をはじめとする地球外からの太陽エネルギーを享受した生物資源をおいて他には存在しない。生物資源では，再生産(Renew)が加わり5Rとなる。木材という再生可能(Renewable)な資源を対象にしていることは鉱物，化石資源を対象としている産業と大きな違いがある。人類の未来を見据えたとき持続的な資源生産にどれだけシフトできるかが重要である。我が国の森林の年間成長量は全蓄積の約3％，年間伐採量は約1％であるので，木材資源としての蓄積は主として人工林によって増加している。しかしながら人工林の樹齢分布を森林面積で示すと40年生をピー

クに若年層が著しく少ない。輸入材の増加，価格の低迷など市場経済や効率優先で，我が国の木材資源の持続性に影を落とし，資源更新が進んでいない。地球温暖化防止対策の二酸化炭素吸収源としての問題ばかりでなく，適正な更新のための主伐材や保育のための間伐材における伐採は，各分野の積極的木材利用の対応が必要といわれている。森林として蓄積が増えることは悪いことではないが，森林面積に限りがある以上伐採しないと循環資源としての世代の交代はできない。ここに人工造林の循環するための伐採，利用，再造林する活力が必要とされる重要な視点があり，天然林などの保護すべき森林との役割の違いがある。

参考文献
1) 木材科学講座 11 バイオテクノロジー，海青社，2002
2) バイオリサイクル－循環型共生社会への挑戦－，環境新聞社，2006
3) 環境修復の科学と技術，北海道大学出版会，2007
4) バイオエネルギー利用の動向と展望，科学技術政策研究所レポート，2001
5) エネルギー資源作物とバイオ燃料変換技術の研究開発動向，科学技術政策研究所レポート，2007
6) きのこ研だより 30 号，日本きのこ研究所，2007
7) バイオマス，コロナ社，2005
8) 学術の動向，7 号，日本学術協力財団，2007
9) 廃棄物学会誌，18 巻，3 号，2007
10) 生態工学，朝倉書店，2003
11) 地球白書 2006-07，ワールドウォッチジャパン 2006 年
12) 生態系，有斐閣ブックス，2004
13) 人と森の環境学，東京大学出版会，2004
14) エコ・フォレスティング，J-FIC，2006
15) 地球環境の教科書 10 講，東京書籍，2005
16) 森林の再生に向けて，J-FIC，2006
17) 地球温暖化と森林ビジネス，J-FIC，2005
18) 生態系サービスと人類の将来，オーム社，2007
19) バイオマス産業社会，築地書館，2002
20) バイオマス，日本評論社，2005
21) 循環型社会を構築するための木質バイオマスの効率的カスケード利用を目的とした現状解析と将来展望に関する調査研究，日本木材学会，2007

索　　引

■あ行

アスファルト・コンクリート塊　23，126
アスベスト　133
アセットマネジメント　27，28
アルネ・ネス　12
アルミニウム　118
安定型最終処分場　96
安定型処分場　96
アンモニア　5

硫黄循環　6
維持費用評価法　20
一律排水基準　45
一般廃棄物　9，91

栄養段階　138
エコスラグ　94
エコセメント　132
エコ・フォレスティング　165
エコポイント法　180
エコロジカル・フットプリント　16
エタノール発酵　154
エネルギープランテーション系バイオマス　151
MSDS制度　53
塩素化芳香族化合物　144

汚染者負担原則　13
汚泥　126
汚物掃除法　89
温室効果　37
温室効果ガス　144

■か行

カーボンニュートラル　149
海水　3
改良主義　12
化学物質等安全データシート制度　53
化学物質の登録・評価・認可に関する規制　54
拡大生産者責任　13，123

隠れたフロー　100
カスケード利用　168
活性汚泥　42
活性汚泥法　80
家電リサイクル法　92
がれき　127
環境汚染物質の排出および移動の登録制度　53
環境会計　21
環境基準　16，40
環境基本法　11，40，123
環境効率　182
環境効率改善指標　18，19
環境修復技術　182
環境政策優先度指数　180
環境調整済国内純生産　19
環境負荷　19
環境負荷量　16
環境ホルモン　144
環境容量　15，16
管理型　96
管理型最終処分場　96
帰属環境費用　19

キノコ　172
急速熱分解法　154
京都議定書　150

空間土地資源　97
グリーンGDP　19
クリーン開発メカニズム　166
グリーン購入法　92
クリプトスポリジウム　49

経済的駆動力　19
K値規制　93
下水道　41
嫌気性埋立構造　96
健康項目　45
建設混合廃棄物　130

— 189 —

建設生産　120
建設廃棄物　24
建設発生土　24
建設リサイクル法　92, 123
源流管理　13

鉱害　115
公害対策基本法　40
公害問題　39
好気性埋立構造　96
公共用水域　45
光合成　4
鉱床　111
鉱物資源　110
高炉スラグ　131
枯渇性資源　97
コンクリート塊　23, 126

■さ行
サーマルリサイクル　173
災害廃棄物　100
最終処分場　92
最終処分量　102
再使用　13, 102, 123
再生可能資源　97
再生骨材　130
再生産　187
再生資源利用促進法　92
再生利用　13, 102, 123, 187
最大可能持続生産量　15
最大着地濃度規制　93
再利用　187
産業廃棄物　9, 91
残渣系バイオマス　151
酸素　4
酸素循環　4
産廃特措法　92
残留性有機汚染物質　184

資源効率　18
資源循環　89
資源生産性　17, 102
資源の有限性　15
資源有効利用促進法　123

持続型環境技術　104
持続可能な発展　11
指定副産物　123
自動車リサイクル法　92
遮水工　96
遮断型　96
遮断型最終処分場　96
シャロー・エコロジー　12
重金属　107
自由財　98
従属栄養生物　137
循環型共生社会　186
循環型資源化基地　109
循環型社会基本計画　18
循環型社会形成推進基本計画　102, 123
循環型社会形成推進基本法　13, 92, 102, 123
循環資源　102
循環利用率　102
準好気性埋立　106
準好気性埋立構造　96
上水道　41
食品リサイクル法　92
食物連鎖　138
森林生態系　162

水質汚濁　39
水質汚濁防止法　40
水質汚濁問題　39
水道法　45
水利用　37
スループット方程式　20

生活環境項目　46
生産資源系バイオマス　151
生態系　137
生態系サービス　139
生態系の容量　140
生物群集　137
生物圏　137
石炭灰　132
切削オーバーレイ工法　23, 29
絶対的デカップリング　19
セメント　131
セルロース　169

— 190 —

索引

全公共用水域　45
潜在廃棄物　9, 100
全連続燃焼式　93

■た行

ダイオキシン　91, 144
ダイオキシン類　92
ダイオキシン類対策特別措置法　94
大気汚染　93
大気汚染防止法　93
第二世代バイオ燃料技術　155
多目的生態系　143
担子菌　172
炭素　4
炭素循環　4
担体硫黄　6

窒素　5
窒素化合物　5
窒素循環　5
中間処理　93
直接油化法　154

ディープ・エコロジー　12
低酸素燃焼制御法　93
デカップリング指標　18
適正技術　105
適正処分　102, 123
鉄　118
鉄鋼スラグ　23
電気炉スラグ　132
典型7公害　16, 40
転炉スラグ　132

銅　119
統合的流域水マネジメント　63, 66
到達汚濁負荷量　51
特定化学物質　146
特定再利用業種　123
独立栄養生物　137
都市生態系　140
土壌浄化法　106
トリハロメタン　49

■な, は行

鉛　119

二酸化硫黄　6, 4, 9

熱回収　102, 123, 187

排煙脱硫せっこう　134
バイオエネルギー　151
バイオオーギュメンテーション　183
バイオスティムレーション　184
バイオディーゼル　154
バイオ燃料　152
バイオマス　147, 148
バイオマスガス　153
バイオリファイナリー　169
バイオレメディエーション　161, 183
廃棄バイオマス　158
廃棄物　7, 89
廃棄物処理施設　39
廃棄物処理法　90, 91
廃棄物問題　89
排出汚濁負荷量　51
排出口(エンド・オブ・パイプ)において環境負荷を処理する対策　13
排水基準　45
廃熱ボイラー　93
発生汚濁負荷量　51
発生抑制　102, 123

PRTR制度　53
PCB特別措置法　95
標準活性汚泥法　105, 106
費用便益分析　20
貧酸素水塊　81

ファクター4　18
ファクター10　18
富栄養化　5, 46
富栄養化問題　40, 43
副産せっこう　134
物質循環　3, 7
物質フロー　98
物質フロー会計　7

索引

物質フロー指標　102
不法投棄　92, 102, 121, 130
フライアッシュ　132
フルコスト評価　181
フルプラン　55

平均水資源賦存量　43
閉鎖性水域　40, 43
ヘミセルロース　169

POPs 条約　95
ポリ塩化ビフェニル　95

■ま行

埋蔵鉱量　113
埋蔵量　113
マテリアルバランス　8
マテリアルフロー　98
マテリアルリサイクル　101

水　3
水環境　38
水資源開発基本計画　55
水収支　43
水循環　37
水処理施設　39
未利用資源系バイオマス　151

無機的環境　137
無触媒脱硝法　93

もう1つの技術　105

■や，ら行

容器包装リサイクル法　92
抑制　187
予防原則　12

リオ宣言　12
陸水　3
リグニン　169
リスクコミュニケーション　77
リフォーミズム　12
硫化水素　6

流達汚濁負荷量　51
リン　5
リン循環　5

ローマ・クラブ　112

■欧　文

3R　92, 126, 187

alternative technology　105
ANAMMOX　82
appropriate technology　105

biomass　148

CDM　166
Clean Development Mechanism　166
Combined Sewer Overflows 問題　49
CSO　49

DF　19
Driving Force　19

Eco Domestic Product　19
Eco-Efficiency　182
EDP　19
Environmental Pressure　19
EP　19
EPR　123
Extended Producer Responsibility　123

FCA　181
Full Cost Assessment　181

greenhouse gas　144

hidden flow　100

Japan Environmental Policy IndeX　180
JEPIX　180

K 値規制　93

LCA　176

— 192 —

索引

LCE　69
Life Cycle Assessment　176
Life Cycle Energy　69
LIME　180

Maintenance Control Index　28
Material Flow Accounts　7
Material Safety Data Sheet 制度　53
Maxmum Sustainable Yield　15
MCI　28
MFA　7
MSDS 制度　53
MSY　15

PCB　95, 144
PCB 特別措置法　95
Pollutant Release and Transfer Register 制度　53

POPs 条約　95
PRTR 制度　53

REACH　54
Recover　187
Recyclable Landfill System　109
Recycle　102, 187
Reduce　102, 187
Regulation on the Registration, Evaluation and the Authorization of Chemicals　54
Renew　187
Reuse　102, 187
Risk Communication　77

Sustainable Environmental Technology　104

urban ecosystem　141

持続都市建築システム学シリーズ
資源循環再生学
―資源枯渇の近未来への対応―

定価はカバーに表示してあります。

2008年3月30日　1版1刷発行　　ISBN 978-4-7655-2513-8 C3052

著者代表	近　藤　隆　一　郎
	小　山　智　幸
発行者	長　　　　滋　彦
発行所	技報堂出版株式会社

日本書籍出版協会会員
自然科学書協会会員
工学書協会会員
土木・建築書協会会員

〒101-0051　東京都千代田区神田神保町1-2-5
　　　　　　　（和栗ハトヤビル）
電　話　営　業（03）（5217）0885
　　　　編　集（03）（5217）0881
　　　　ＦＡＸ（03）（5217）0886
振替口座　00140-4-10
http://www.gihodoshuppan.co.jp/

Printed in Japan

Ⓒ Ryuuichiro Kondo and Tomoyuki Koyama, 2008　組版 ジンキッズ　印刷・製本 技報堂

落丁・乱丁はお取り替えいたします。
本書の無断複写は、著作権法上での例外を除き、禁じられています。

◆小社刊行図書のご案内◆

持続都市建築システム学シリーズ

100年住宅への選択
松藤泰典 著
A5・144頁

世代間建築
松藤泰典 著
A5・190頁

健康建築学
渡辺俊行・高口洋人 他著
A5・198頁
―健康で快適な建築環境の実現に向けて―

循環建築・都市デザイン
竹下輝和・池添昌幸 他著
A5・210頁
―人間の感性と豊かさのデザイン―

仮設工学
前田潤滋 他著
A5版・250頁
―建設工事のQCDSEからSとEを中心として―

臨床建築学
松下博通・崎野健治 他著
A5版・170頁
―環境負荷低減のための建物診断・維持管理技術―

循環型の建築構造
山口謙太郎 他著
A5版・180頁
―凌震構造のすすめ―

資源循環再生学
近藤隆一郎・小山智幸 他著
A5・210頁
―資源枯渇の近未来への対応―

技報堂出版　TEL 営業 03(5217)0885 編集 03(5217)0881
FAX 03(5217)0886